@HOLLA_DIE_WILDFEE
ISABELLE BULLING

VOM JAGDREVIER
BIS ZUR
KUNDSCHAFT

ERLEGEN VERSORGEN VERMARKTEN

☞ *Inhalt*

Mehr entdecken, mehr verstehen

DAS KOSMOS VERSPRECHEN

Expertenwissen seit 1822

Welches Thema dich auch begeistert – auf unsere Expertise kannst du dich verlassen. Und das schon seit über 200 Jahren.

Unser Anspruch ist es, dich mit wertvollem Rat zu begleiten, dich zu inspirieren und deinen Horizont zu erweitern.

BEGEISTERUNG DURCH KOMPETENZ

Unsere Autorinnen und Autoren vereinen professionelles Know-how mit großer Leidenschaft für ihre Themen.

WISSEN, DAS DICH WEITERBRINGT

Leicht verständlich, lebensnah und informativ für dich auf den Punkt gebracht.

SACHVERSTAND, DEN MAN SEHEN KANN

Mit aussagestarken Fotos, Zeichnungen und Grafiken werden Inhalte besonders anschaulich aufbereitet.

QUALITÄT FÜR HEUTE UND MORGEN

Dafür sorgen langlebige Verarbeitung und ressourcenschonende Produktion.

Du hast noch Fragen oder Anregungen?
Dann schreibe uns: kosmos.de/servicecenter

ZUM EINSTIEG

VORWORT

Die Jagd ist eine vielseitige und abwechslungsreiche Leidenschaft und kann als eins der ältesten Handwerke der Welt betrachtet werden. Warum sich ein Mensch heutzutage dazu entscheidet, eine anspruchsvolle, zeitintensive und dabei nicht ganz preisgünstige Ausbildung wie die zum Jäger zu absolvieren, mag von Person zu Person variieren. So unterschiedlich wie die Hintergründe und Motivationen der angehenden Jägerinnen und Jäger vor der Jagdscheinprüfung sind, sind danach auch die Jagdphilosophien, die sie leben. Einig sind wir uns aber sicher alle, dass Jagd und Hege in der heutigen Zeit grundsätzlich notwendig und wichtig sind!

Bereits vor einigen Jahren habe ich meine Leidenschaft für Wildfleisch und die daraus erzeugten Produkte entdeckt.

In einem Land wie Deutschland, in dem die vermeintliche „Naturidylle" mittlerweile zu großen Teilen aus forst- und landwirtschaftlichen Nutzflächen besteht – wir also den ursprünglichen Lebensraum der Wildtiere bewirtschaften und nutzen –, muss ausgleichend eingewirkt werden. Das heißt zum einen, dass wir es den Tieren schuldig sind, sie zu schützen, ihnen weiterhin Lebensraum inmitten unserer Kulturlandschaft zur Verfügung zu stellen und diesen angemessen zu gestalten. Zum anderen aber auch, dass wir sie bejagen müssen, um ein gesundes Gleichgewicht zu behalten und besagte Flächen nutzen zu können. Daraus ergibt sich unweigerlich die Pflicht – denn wir töten hierbei immerhin ein Lebewesen –, dies nicht nur nach bestem Wissen und Gewissen auszuüben, sondern auch, das Tier aus Respekt vor dem Leben möglichst umfassend und nachhaltig zu verwerten. Für mich bedeutet das: hochwertige Lebensmittel gewinnen und den Menschen zugänglich machen – also ERLEGEN, VERSORGEN, VERMARKTEN – und genau aus diesem Grund habe ich dieses Buch geschrieben!

ÜBER MICH

Ich bin Isa, während ich dieses Buch schreibe 31 Jahre alt und gebürtige Kölnerin. Seit 2016 gehe ich mit großer Freude auf die Jagd und bin seitdem fasziniert von Wildbret! Ursprünglich habe ich Agrarwissenschaften studiert und danach in diesem Bereich im Büro gearbeitet. Da mich dies nicht wirklich erfüllte und meine Begeisterung für (Wild)-Fleisch nicht abklang, habe ich mich 2020 dann entschieden, nochmal neu durchzustarten und eine Metzgerlehre anzufangen. Mittlerweile bin ich Fleischermeisterin und arbeite mit großer Freude – und Erfüllung – in diesem Beruf.

AUFBAU UND ZIELGRUPPE DIESES BUCHES

Wie man ein „Lebensmittelunternehmer", also ein ordentlicher Wildverkäufer wird, dürfte denen, die dies bereits professionell betreiben (hoffentlich) bekannt sein. Der erste Teil des vorliegenden Buches, die rechtlichen Grundlagen, richten sich daher vor allem an die, die zwar den Wunsch haben, ihr Wild zu vermarkten, aber noch nicht so ganz wissen, wo und wie sie damit am besten anfangen. Der mittlere Teil liefert ein breites Hintergrundwissen zu den Themen „Fleisch", „Hygiene" und „Verarbeitung" – immer im Kontext der Jagd. Wissen, das man als Fleischverarbeiter und -vermarkter haben sollte, das aber für jeden Wildfleischfan mit Sicherheit sehr hilfreich sein dürfte. Im letzten Teil geht es um die Vermarktung und dort im Speziellen um das Marketing. Auch wer bereits Wildfleisch verkauft, dürfte hier Neues lernen oder auf einige Anregungen stoßen, um einmal neue Wege zu gehen. Dem Einsteiger werden die Grundlagen einer erfolgsversprechenden Vermarktung nähergebracht, dem Profi neue Wege aufgezeigt. Als Metzgerin haben sich in meinem Sprachgebrauch grundsätzlich die „klassischen" Begriffe wie „Schulter" anstatt „Blatt" und „Blut" anstatt „Schweiß" etabliert. In diesem Buch wurden daher – und aus Einfachheitsgründen bzw. weil sie auch in den Rechtstexten so verwendet werden – zum größten Teil auch diese Begriffe gewählt. Außerdem wurden z. B. die Begriffe „Decke" und „Schwarte" zusammengefasst, um die Lesbarkeit der Texte zu erleichtern.

DAS KANN DIESES BUCH NICHT

Trotz schöner Bilder und dem Versuch, verschiedene Handgriffe und Arbeitsschritte verständlich zu erklären, kann dieses (und auch kein anderes) Buch nicht die dreijährige Ausbildung zum Fleischer ersetzen. Wer handwerklich Nachhilfe benötigt, wendet sich am besten persönlich an einen Fleischer oder einen anderen Profi und lässt sich dort praktisch demonstrieren, wie man ein Tier zerlegt und Wurst daraus produziert. Zudem ließen sich zu jedem der aufgeführten Themen eigene Bücher schreiben – vieles musste ich deshalb beim Schreiben dieses Buches zusammenfassen. An geeigneten Stellen verweise ich gerne auf weiterführende Literatur, Videos, Seminare und was man sonst noch nutzen kann, um sich entsprechend weiterzubilden. Ansonsten freue ich mich über Rückmeldungen – die dann vielleicht in einem weiteren Buch oder zusätzlichen Beiträgen intensiver behandelt werden. Und jetzt viel Spaß beim Lesen!

Trotz der zahlreichen Inhalte ersetzt dieses Buch natürlich keine Ausbildung zum Fleischer.

STATUS QUO – DER IST-ZUSTAND

Wie steht es in Deutschland um die „Produktion“ und den Verzehr von Wildfleisch? Eine tiefergehende Analyse des Konsumverhaltens und der Ernährungstrend in Deutschland findet sich im letzten Teil des Buches. An dieser Stelle gibt es vorab schonmal einen Einstieg, um ein Gefühl für die Thematik zu bekommen. Da Wildtiere – vor allem scheues oder nachtaktives Wild wie Schwarzwild – im Alltag eher selten zu sehen sind, mag es vor allem für Nichtjäger überraschend sein, wie viel Wild es in Deutschland gibt und wie hoch die Strecken z. T. ausfallen. Spitzenreiter ist mit einer Streckenzahl (2022/23) von fast 1.300.000 Stück das Rehwild. Im Hinblick auf das Wildbretaufkommen ist Schwarzwild jedoch Spitzenreiter. Hier fallen rund 12.000 t Wildfleisch an.

Insgesamt wurden im Jagdjahr 2022/23 knapp 40.000 t Wild (Schwarzwild, Rehe und Hirsche) in der Decke/Schwarte erjagt, was gut 25.000 t Wildfleisch mit Knochen ergibt. Werden Gams- und Muffelwild sowie die zahlreichen Niederwildstrecken hinzugerechnet, ergeben sich noch weitaus höhere Zahlen. Auch wirtschaftlich kommt Wildfleisch in Deutschland daher eine gewisse Bedeutung zu. Der Primärwert der aufgeführten Jahresjagdstrecke beträgt

	GEWICHT PRO STÜCK (kg)[2]	ROHAUFKOMMEN IN DECKE UND SCHWARTE (t)[1]	FAKTOR OHNE KNOCHEN	WILDBRET (t)	FAKTOR MIT KNOCHEN	WILDBRET MIT KNOCHEN (t)[3]
Schwarzwild	41	19.572	0,37	7.242	0,6	11.743
Rehwild	12,5	4.574	0,49	2.150	0,7	2.561
Rotwild	65	13.554	0,47	6.641	0,56	9.488
Damwild	35	2.098	0,5	1.049	0,6	1.259
Summe		39.798		17.082		25.052

[1] Um den Anteil an Fallwild reduzierte Jahresstrecke 2022/23; abgerundete Zahlen

[2] Mittelwert unter Berücksichtigung des erheblich größeren Anteils jüngerer Stücke an der Gesamtstrecke/Schalenwild

[3] Wildbretaufkommen ohne Decke und Schwarte mit Knochen

WILDBRETAUFKOMMEN IN DEUTSCHLAND 2022/23 (DJV)

WILDART	STRECKE IM JJ 2022/23 (STÜCK)
Rotwild	73.247
Damwild	64.735
Sikawild	2.902
Schwarzwild	492.594
Rehwild	1.293.466
Gamswild	4.636
Muffelwild	7.873
Feldhasen	236.587
Wildkaninchen	63.856
Fasanen	87.935
Rebhühner	1.685
Waldschnepfen	12.014
Wildgänse	136.665
Wildenten [1]	242.320
Wildtauben	275.954
Füchse	412.245
Dachse	82.741
Baummarder	8.011
Steinmarder	47.526
Iltisse	7.902
Wiesel	3.200
Waschbären	202.519
Marderhunde	27.106
Nutria	90.814

[1] davon überwiegend Stockenten

JAGDSTRECKE 2022/23 DEUTSCHLAND (DJV)

Spitzenreiter in der Streckenliste Deutschlands ist das Rehwild.

192.447.960 Euro. Im Rahmen der Wertschöpfungskette erhöht sich dieser Wert natürlich drastisch. Wenn man allein bedenkt, wie sich der Wert von zerlegtem bzw. veredeltem Wildfleisch im Vergleich zum ganzen Stück verändert, wird dies bereits deutlich.
Trotz dieser hohen Zahlen und in einigen Regionen Deutschlands schleppender Nachfrage nach Wildfleisch vom Jäger wird nach wie vor Wildfleisch aus dem Ausland nach Deutschland importiert. Jährlich landen so rund 17.000 Tonnen Wildfleisch auf Speisetellern in Deutschland (Stand 2022). Ein Großteil des importierten Fleisches stammt dabei aus Osteuropa und Neuseeland.

WILD-KONSUM IN DEUTSCHLAND

Immer wieder liest man in den Pressemeldungen von Jagdverbänden, Zeitschriften und Co., dass sich heimisches Wild steigender Beliebtheit erfreue. Blickt man aber einmal auf die Daten hinter den Aussagen, erkennt man schnell, dass dies weniger mit steigender Nachfrage zu tun hat, sondern mit steigenden Streckenzahlen. Oftmals wird die Jahresjagdstrecke bei der „Berechnung“ der Beliebtheit von Wildfleisch ge-

WILDART	kg [1) 2)]	STÜCK	EUR/KG [3)]	EUR/ STÜCK [3)]	EURO	%
Rotwild	4.573.660	–	4,5	–	20.581.470	10,7 %
Damwild	2.098.250	–	5	–	10.491.250	5,5 %
Schwarzwild	19.572.498	–	4	–	78.289.992	40,7 %
Rehwild	73.554.075	–	5	–	67.770.375	35,2 %
Feldhasen [2) 5)]	–	236.587	–	13	3.075.631	1,6 %
Wildkaninchen [2) 5)]	–	63.856	–	1,5	95.784	0 %
Fasanen [2) 5)]	–	87.935	–	10	879.350	0,5 %
Rebhühner [2) 5)]	–	1.685	–	8	13.480	0 %
Wildenten [2) 5)]	–	242.320	–	3,5	848.120	0,4 %
Wildtauben [2) 5)]	–	275.954	–	1,5	413.931	0,2 %
Wildgänse [2) 5)]	–	136.665	–	6	819.990	0,4 %
Füchse [2) 4) 5)]	–	412.245	–	15	6.183.675	3,2 %
Dachse [2) 4) 5)]	–	82.741	–	21	1.737.561	0,9 %
Marder [2) 4) 5)]	–	55.537	–	23	1.277.351	0,7 %
					Summe: 192.477.960	100 %

[1)] Rohaufkommen in der Decke/Schwarte
[2)] Um den Anteil an Fallwild reduzierte Strecke; abgerundete Zahlen
[3)] Durchschnittswerte ab Revier
[4)] Wert des Balges
[5)] Schleswig–Holstein und Bayern differnzieren nicht zwischen erlegtem und Fallwild

Preisschwankungen u. a. je nach Landesgegend, Alter, Geschlecht und Gewicht je Stück, Jahreszeit und Käufer (Wildhandel oder Direktabnehmer als Endverbraucher). Bälge (gestreift) und Schwarten des Raubwildes stellen, auch wenn für sie kein geregelter Markt vorhanden ist, zumindest aber doch einen fiktiven Wert dar.

PRIMÄRWERT DER JAHRESJAGDSTRECKE IN DEUTSCHLAND 2022/23 (DJV)

nutzt. Steigende Strecken führen damit einhergehend zur gesteigerten Beliebtheit von Wildfleisch. In Jahren mit geringeren Strecken liest man hingegen nicht von einem Rückgang der Nachfrage. Ein Rückschluss der Streckenzahlen auf die Beliebtheit von Wild ist nicht wirklich nachvollziehbar. Interessant wäre hier eine Analyse der sich verändernden Preise, um die tatsächliche Attraktivität von Wildbret bewerten zu können. Und trotzdem kann man nach meinem Empfinden in der Gesellschaft an einigen Stellen ein gesteigertes Interesse am Fleisch von unserem Wildtieren erkennen. Wildfleischburger, Wilddöner oder Wildbratwürste sind auf zahlreichen Food-Festivals heute keine Seltenheit mehr. Dieses Interesse belegen auch Umfragen, wie sie der Deutsche Jagdverband in regelmäßigen Abständen durchführt. Das Thema „Wild-

	2022 [1]	2021 [2]	2020 [2]	2019 [2]	2018 [2]
Wildschweine gesamt	1.879	1.594	2.337	3.136	2.372
EU 27 seit 2020	1.817	1.452	2.027	2.940	2.119
Ungarn	509	176	155	556	152
Frankreich	1	2	2	15	7
Polen	523	637	1.291	1.525	1.171
Italien	26	23	21	27	13
Spanien	372	291	212	324	212
Österreich	110	109	123	150	191
Drittländer [3]	61	142	310	196	253
Australien	30	54	23	66	35
USA	19	85	234	130	218
Hasen gesamt	1.170	1.008	805	946	1.012
EU 27 seit 2020	1.009	874	675	826	790
Niederlande	340	393	419	303	195
Frankreich	88	58	30	63	91
Drittländer [3]	162	134	130	120	222
Argentinien	106	97	115	90	183
Uruguay	0	0	0	6	20
China	54	24	2	24	19
anderes Wild gesamt	13.806	12.915	14.523	15.211	16.191
EU 27 seit 2020	11.414	10.164	9.991	11.593	12.581
Ungarn	1.845	1.746	1.762	1.854	1.529
Polen	3.973	3.409	4.053	4.207	4.719
Frankreich	155	183	183	240	319
Spanien	1.804	1.948	1.578	2.325	2.501
Österreich	618	676	589	768	870
Belgien	674	758	708	371	449
Italien	292	281	252	281	270
Drittländer	2.393	2.751	4.523	3.618	3.610
Neuseeland	2.038	2.498	3.589	2.766	2.663
Australien	303	182	420	685	772
Südafrika	21	14	39	160	77

[1] vorläufig
[2] berichtigt
[3] seit 2020 inkl. Großbritannien

WILDFLEISCHEINFUHREN NACH DEUTSCHLAND (DJV)

fleisch“ ist zudem immer öfter in den Medien zu finden und auch die steigende Begeisterung für die Jagd bzw. die Jagdscheinausbildung hat sicherlich einen positiven Einfluss auf die Wahrnehmung dieses tollen Lebensmittels. Viele Jäger berichten von einem verbesserten Absatz und „wilde Start-ups“, insbesondere im Bereich Online-Vermarktung, sprossen in den vergangenen Jahren wie Pilze aus dem Boden. Wir Jägerinnen und Jäger wissen alle, wie toll dieses Lebensmittel ist, es gut zu vermarkten ist trotzdem nicht ganz einfach. Die Mehrheit der Kunden ist verwöhnt von küchenfertigen, vorportionierten Lebensmitteln, welche jederzeit und überall verfügbar sind. Zudem herrschen in vielen Köpfen noch Vorurteile wie ein strenger Geschmack oder dass Wild nur zur Winterzeit schmeckt. Hier gilt es anzugreifen und für einen echten Aufwärtstrend zu sorgen. Schnell, einfach, lecker, trotzdem gerne gesund, nicht zu teuer und mittlerweile immer öfters vegan oder vegetarisch – die Ernährungsweise von uns Menschen in Deutschland hat sich in den vergangenen Jahren stark verändert. Vor allem Deutschland ist bekannt für die z. T. mangelnde Wertschätzung und die niedrige Priorisierung von hochwertigen Nahrungsmitteln. Keine ideale Basis für die Vermarktung von Lebensmitteln! Doch auch wenn Wildfleisch das vermutlich älteste Lebensmittel der Welt ist, ist es das perfekte Lebensmittel für den modernen Konsumenten!

AUSBILDUNG DER JÄGER IM BEREICH „FLEISCH“

Angesichts der Tatsache, was Jäger lebensmittelrechtlich alles dürfen und welche Gefahren vom hochempfindlichen Lebensmittel Fleisch ausgehen können, ist die Ausbildung in diesem Bereich in der Jagdschule doch recht dürftig. So drücken Fleischer drei Jahre lang die Schulbank und sind darüber hinaus noch verpflichtet, den Meister zu machen, um einen Betrieb eröffnen zu dür-

Fleischesser sind mittlerweile verwöhnt. Damit sich Wildfleisch gut verkaufen lässt, müssen Keulen, Hals oder Rücken teils weiter zerlegt werden.

Im Rahmen der Ausbildung auf dem Weg zur Jägerprüfung werden Jägerinnen und Jäger auch im Bereich Wildbrethygiene geschult.

fen, während der Jäger nach – z. T. lediglich zwei Wochen Vorbereitung – mit bestandener Prüfung grundsätzlich die Erlaubnis erhält, ein kleines Wildfleischgeschäft (mit Einschränkungen) zu eröffnen. Die Regelungen, die das ermöglichen, sind Fluch und Segen zugleich: Es ist toll, dass ein Jäger sein Wild selber im kleinen Stil vermarkten kann. Viele gehen dem auch mit beträchtlicher Passion nach und geben sich größte Mühe, sauber und korrekt zu arbeiten, indem sie sich nachträglich weiterbilden. Dennoch gibt es viel Unwissenheit und leider reichen oft wenige schwarze Schafe, um eine ganze Gruppe in ein schlechtes Licht zu rücken. Ich kann an dieser Stelle nur empfehlen (oder fast bitten): Verlassen Sie sich bei Fragen zum Thema Fleisch nicht auf Antworten in Internet-Foren, in denen sich fast nur Leute befinden, die ebenfalls wenig Ahnung von der Materie haben. Befragen Sie zum Thema Fleisch einen Fleischer, zum Thema Recht einen Juristen und zum Thema Hygiene das Veterinäramt – oder lesen entsprechende Fachliteratur. Teilen Sie dieses gesicherte Wissen danach gerne in besagten Foren, aber nutzen Sie sie bitte nicht als alleinige Informationsquelle! Ein kleines Beispiel: Vor einiger Zeit las ich in einem entsprechenden Forum eine Diskussion über die Herstellung, Verarbeitung und Vermarktung von wildem Hackfleisch. Ich möchte mir nicht ausmalen, wie viele Jungjäger die Kommentare dazu mitgelesen haben und sich so allerlei falsches und z. T. sogar gefährliches „Wissen“ angeeignet haben.

JÄGER UND METZGER

Obwohl man meinen sollte, dass sich diese beiden Gruppen gut verstehen sollten – beide hegen eine Passion für Fleisch –, hört man doch manchmal Negatives vom einen über den anderen und umgekehrt. Der Metzger knüpfe dem Jäger zu viel für die Wildverarbeitung ab und gibt ihm zu wenig für sein Wild, der Jäger sei ein Ferkel und habe keine Ahnung von dem, was er da mit dem Fleisch veranstaltet. Da ich beide Seiten kenne, kann ich alle Beteiligten teilweise verstehen. Dennoch ist es wichtig, dass wir vor allem in diesen Zeiten zusammenhalten. Gemeinsam können wir einiges erreichen. Sicher wäre es zuträglich, wenn große Verlage, Unternehmen und Veranstalter öfters auch mal einen Fleischer mit einbeziehen, wenn sie etwas veröffentlichen oder bewerben – was ihnen auch die ein oder andere fachliche Falschaussage ersparen würde. Der Fleischer würde sich so vermutlich etwas respektierter fühlen. Und wenn die

Fleischer den Jäger mehr an die Hand nehmen und ihr Wissen offensiver teilen würden, könnte man Wissenslücken nachhaltig schließen, anstatt sich darüber zu ärgern. Ich hoffe, dieses Buch kann eine Brücke schlagen bzw. die Beziehung der beiden Parteien festigen und stärken.

WILDFLEISCH VS. VEGANISMUS

Man mag von Vegetariern und Veganern halten was man will, die Argumente gegen den Konsum tierischer Produkte sind stichhaltig und gut. Ich bin passionierter Fleischesser und -freund. Sie – vor allem wenn Sie gerade dieses Buch lesen – sehr wahrscheinlich auch, sowie (Stand 2023) weitere 88% der Bevölkerung in Deutschland. Dennoch werden sich unsere Ernährungsgewohnheiten ändern, sie werden sich ändern müssen. Und doch stellt Wildfleisch in dieser Diskussion eine außergewöhnliche Ausnahme dar. Selbst wenn wir uns die folgenden Argumente der vermutlich stärksten Gegner der Jagd gegen Fleischkonsum anschauen, treffen diese nicht auf Wild zu. Und genau hier liegt die Chance, nicht nur für die Vermarktung von Wildfleisch, sondern auch für die Verbesserung des Images der Jägerschaft über den Faktor „Ernährung".

— Tierwohl: Zucht, Mast, Transport, Schlachtung –, und das alles z. T. unter fragwürdigen Umständen, bringt die Fleischindustrie regelmäßig in Kritik. Wildtiere leben frei und erfahren weder Transport- noch Schlachtstress.

— Gesundheit: Übermäßiger Fleischkonsum, vor allem von verarbeiteten Produkten, wird immer öfter als Grund für Erkrankungen angegeben. Auch die Tierhaltung habe indirekt schädliche Auswirkungen auf unsere Gesundheit, z. B. durch den Einsatz von Antibiotika und der dadurch entstehenden Resisten-

Während Wild in freier Wildbahn seine Fährten zieht, sind die Bedingungen in der industriellen Tiermast teils sehr begrenzt.

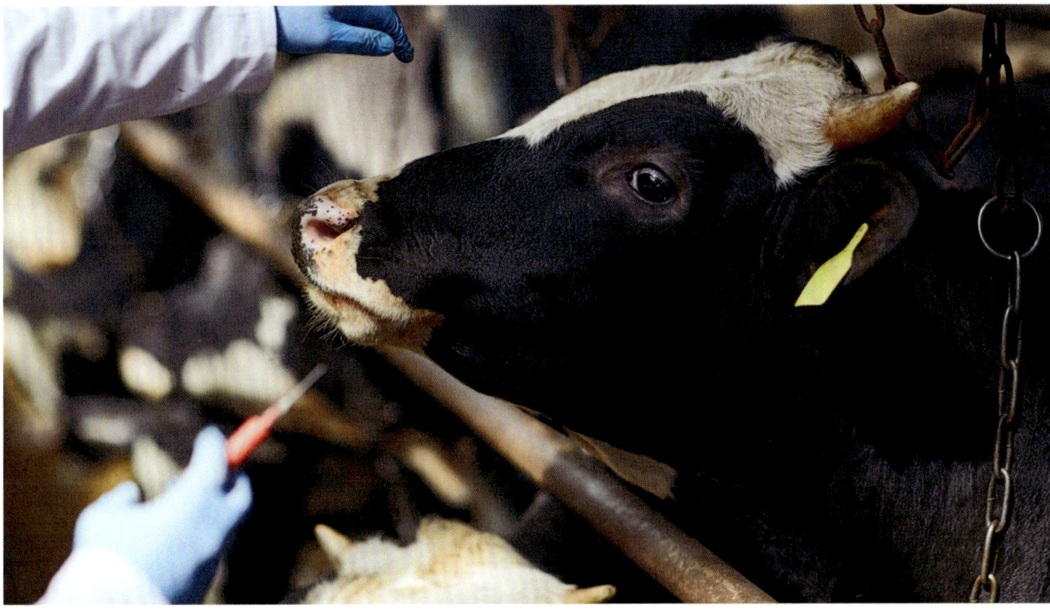

Der Einsatz von Medikamenten in der industriellen Tierhaltung steht immer wieder in der Kritik.

zen. Wildfleisch weist tolle Nährwerte auf und wird zudem nicht mit Antibiotika behandelt.

— Umwelt: Aufgrund von z. B. Abholzungen in Regenwäldern für den Futteranbau und den Ausstoß von Treibhausgasen werden Tierhaltung und Fleischkonsum als umweltschädlich beschrieben. Für Wildfleisch wird kein Futter angebaut. Jagd unterstützt zudem den Waldbau und kann somit als klimapositiv beschrieben werden.

— Ethik: Ein Tier für die Fleischerzeugung zu halten und zu töten halten viele Kritiker für ethisch nicht vertretbar. Wildtiere werden nicht für den Konsum gezüchtet und genau genommen auch nicht dafür getötet. Wildfleisch kann als „Nebenprodukt" der notwendigen Jagd bezeichnet werden und somit wäre es als unethisch zu betrachten, dieses Fleisch nicht zu verwerten.

Es wird also klar: Wild ist ein tolles Lebensmittel, auch in Hinsicht auf moderne Wünsche und Anforderungen sowie die Herausforderungen der aktuellen Zeiten.

Für die Produktion von Tierfuttermitteln werden in einigen Regionen der Welt teils große Waldflächen gerodet.

RECHTLICHER RAHMEN

VIELE GESETZE SIND BETROFFEN

Wer Wild verarbeiten und verkaufen möchte, muss sich dabei an ein umfangreiches Regelwerk halten.

Die entsprechenden Gesetzestexte – und vor allem die darin formulierten Ausnahmen, die uns Wildverkäufern gewisse Privilegien zugestehen – sind komplex und deren Lektüre und Verständnis daher z. T. recht anspruchsvoll.In diesem Kapitel finden Sie deshalb eine Auflistung der wichtigsten Rechtstexte, eine kurze Beschreibung und Zusammenfassung, sowie die daraus abzuleitenden Konsequenzen und Handlungsempfehlungen für uns Jäger und Wildverkäufer. Vorab auch hier die obligatorische Anmerkung, dass dies dennoch lediglich eine Hilfestellung und keine Rechtsberatung darstellt. So kommen wir hier auch schon zu meiner wichtigsten Empfehlung: Sprechen Sie mit den zuständigen Behörden. Wie Sie später noch feststellen werden, sind viele der Anforderungen bzw. die Art und Weise, wie diese erfüllt werden sollen, Auslegungssache. Hier macht es natürlich Sinn, gut informiert zu sein, letzten Endes entscheiden aber die, die Sie betreuen und kontrollieren. Machen Sie sich schlau – mit dem Lesen dieses Buches sind Sie auf jeden Fall schon mal auf dem richtigen Weg – und erstellen Sie ein schlüssiges Konzept. Stellen Sie dieses vor der Umsetzung Ihrem Veterinäramt vor und warten auf etwaige Rückfragen. Meiner Erfahrung nach freuen sich die Zuständigen erstens über gut informierte „Klienten“ und zweitens darüber, vorab mit eingespannt zu werden. Eine Wildkammer aufwendig zu renovieren und dann um eine Abnahme zu kämpfen, ist für alle Beteiligten stressiger, als vorab zu klären, was gewünscht ist und es dann gemeinsam direkt richtig umzusetzen. Um nicht nur bei der Verarbeitung alles richtig zu machen, sondern auch bei der Verpackung und Vermarktung, finden sich nach dem ersten Teil dieses Kapitels zur „Gewinnung“ noch weitere Regeln und Empfehlungen wie z. B. zur korrekten Be- und Auszeichnung Ihrer Produkte.

Auch für die Etikettierung von Produkten gibt es Vorschriften.

WILDFLEISCH-GEWINNUNG

Um den Schutz des Endverbrauchers – auch über Landesgrenzen hinaus – gewährleisten zu können, gelten in der EU einheitliche (und zahlreiche) Anforderungen und Vorschriften zur Produktion, Verarbeitung und

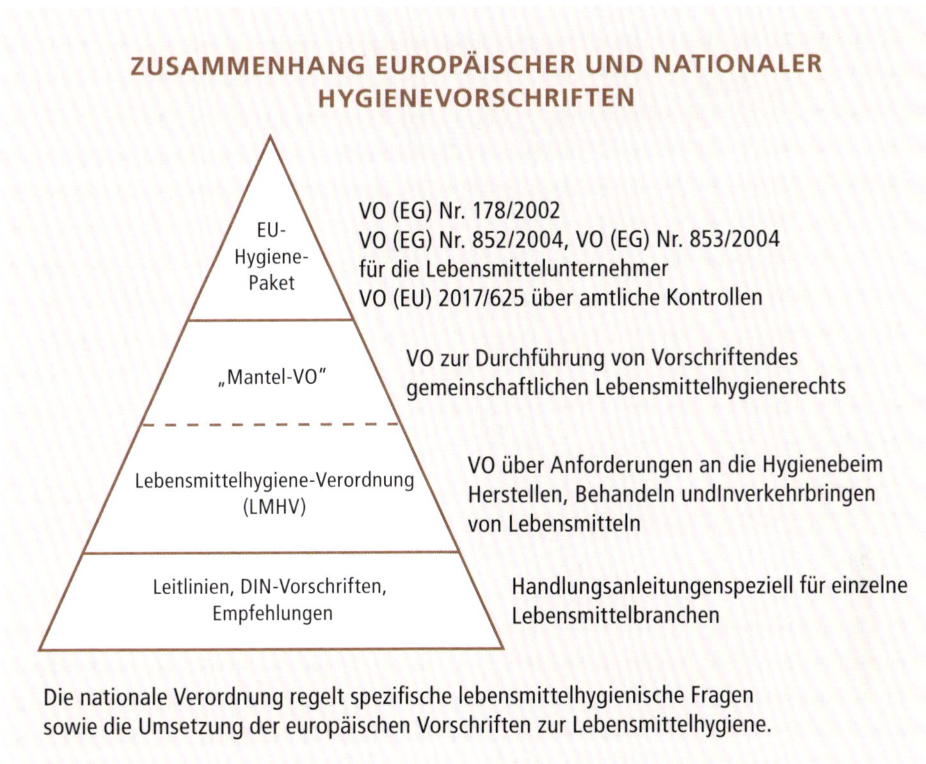

Die Hygienevorschriften auf nationaler Ebene in Deutschland sind mit europäischen Vorschriften eng verwoben.

Vermarktung von Lebensmitteln, insbesondere derer tierischen Ursprungs. Besagte EU-Vorschriften werden von den einzelnen Mitgliedsstaaten durch nationale Verordnungen umgesetzt bzw. ergänzt. Hierin werden nationale bzw. regionale Besonderheiten und Ausnahmen geregelt. Diese betreffen auch uns Jäger bzw. Wildvermarkter und bieten somit überhaupt eine Möglichkeit, auch als „Kleinstunternehmer" am Wildbretmarkt teilzunehmen.

Dennoch: Nationalstaatliche Regelungen dürfen nicht hinter den Zielen der europäischen Verordnungen zurückfallen. **Alle Ausnahmeregelungen haben deshalb ihre Grenzen!** Vor allem in den Bereichen „Primärproduktion" bzw. „Abgabe kleiner Mengen", die uns Jägern sehr viele Erleichterungen einräumen, sollten man sich daher gut auskennen.

<u>Auf europäischer Ebene:</u>

Verordnung (EG) Nr. 178/2002 „allgemeines Lebensmittelrecht" (zur Festlegung der allgemeinen Grundsätze und Anforderungen des Lebensmittelrechts, zur Errichtung der Europäischen Behörde für Lebens-

Zahlreiche Gesetze und Verordnungen, die die Verarbeitung von Lebensmitteln regeln, wurden auf europäischer Ebene erlassen.

Das HACCP-Konzept wurde bereits in den 1960er Jahren in der Raumfahrt entwickelt und sollte die Qualität der Nahrung für Astronauten sicherstellen.

mittelsicherheit und zur Festlegung von Verfahren zur Lebensmittelsicherheit). Beschreibt Faktoren, die zu berücksichtigen sind, damit keine Lebensmittel, die gesundheitsgefährdend oder für den Verzehr ungeeignet sind, in den Verkehr gelangen. Hier finden sich zudem Anforderungen an die Rückverfolgbarkeit von Lebensmitteln und deren Gewährleistung auf allen Stufen, sowie an das Management im Falle einer Krise (gesundheitsschädliches Erzeugnis im Umlauf).

Durchführungsverordnung (EU) Nr. 931/2011 „Rückverfolgbarkeitsanforderungen an Lebensmittel tierischen Ursprungs“. Ergänzt die VO (EG) Nr. 178/2002 um Anforderungen an die Rückverfolgbarkeit

Auch für den Umgang mit freilebendem Wild und die Verarbeitung der Wildkörper existieren europäische Regelungen.

Verordnung (EG) Nr. 852/2004 „Lebensmittelhygiene“. Anforderungen an Unternehmen, die mit Lebensmitteln arbeiten. Beschreibt „gute Hygienepraktiken“ während und nach der Primärproduktion sowie Verfahren auf der Grundlage der Grundsätze der Gefahrenanalyse und der kritischen Kontrollpunkte (**HACCP**). Hier finden sich die für uns besonders interessanten allgemeinen Anforderungen an Räumlichkeiten und Ausrüstung, persönliche Anforderungen sowie grundsätzliche Informationen zu HACCP-Verfahren.

Verordnung (EG) Nr. 853/2004 „spezifische Hygienevorschriften für Lebensmittel tierischen Ursprungs“. Ergänzt die VO (EG) Nr. 852/2004 und legt spezifische Hygienevorschriften fest. Sie beschreibt die allgemeinen Verpflichtungen eines Lebensmittelunternehmers insbesondere in Bezug auf die Registrierung und Zulassung von Betrieben bzw. Tätigkeiten sowie Vorschriften für verschiedene Erzeugniskategorien. Für uns von besonderem Interesse sind hier die Abschnitte in Anhang III über die Ausbildung von Jägern in Gesundheits- und Hygienefragen (kundige Person) sowie den Umgang mit freilebendem Wild.

Verordnung (EU) 2017/625 „amtliche Kontrollen entlang der Lebensmittelkette", Ablöse der nicht mehr gültigen Verordnung **(EG) Nr. 854/2004 „spezifische Vorschriften für die amtliche Überwachung von zum menschlichen Verzehr bestimmten Erzeugnissen tierischen Ursprungs"**. Enthält Bestimmungen über amtliche Kontrollen.

Durchführungsverordnung (EU) 2015/1375 „spezifische Vorschriften für die amtlichen Fleischuntersuchungen auf Trichinen" – ehemals **Verordnung (EG) Nr. 2075/2005. Verordnung (EG) Nr. 1069/2009 „Hygienevorschriften für nicht für den menschlichen Verzehr bestimmte tierische Nebenprodukte und zur Aufhebung der Verordnung (EG) Nr. 1774/2002 (Verordnung über tierische Nebenprodukte)**

Verordnung (EG) Nr. 2073/2005 „mikrobiologische Kriterien für Lebensmittel"

Auf nationaler Ebene:

Lebensmittel- und Futtermittelgesetzbuch (LFGB) – „Dachgesetz" des deutschen Lebensmittelrechts

Lebensmittelbuch – insbesondere Leitsätze für Fleisch und Fleischerzeugnisse. Beschreibt die einzelnen Produkte bzgl. ihrer Zutaten und Herstellung.

Lebensmittelhygiene-Verordnung (LMHV) – „Verordnung über Anforderungen an die Hygiene beim Herstellen, Behandeln und Inverkehrbringen von Lebensmitteln". Rechtsverordnung auf Grundlage des Lebensmittel- und Futtermittelgesetzbuchs (LFGB), setzt lebensmittelhygienische Bestimmungen der EG und EU um und regelt rechtliche Fragen, bei deren Beantwortung das EU-Recht Gestaltungsspielraum gelassen hat. Für uns besonders interessant sind §5 in Verbindung mit Anlage 2. Hier werden die **Hygieneanforderungen** für die Abgabe **kleiner Mengen** bestimmter Primärerzeugnisse an den Endverbraucher und an lokale Betriebe des Einzelhandels beschrieben.

Tierische Lebensmittel-Hygieneverordnung (Tier-LMHV) – „Verordnung über Anforderungen an die Hygiene beim Herstellen, Behandeln und Inverkehrbringen von bestimmten Lebensmitteln tierischen Ursprungs". Ergänzung bzw. Erweiterung der LMHV. Regelt die **amtlichen Fleischuntersuchungen**, spezifische Anforderungen an die Abgabe von Wild in kleinen Mengen als Primärerzeugnis als auch an Wildbearbeitungsbetriebe. Anlage 4 listet die Anforderungen für die Abgabe kleiner Mengen Wild auf, Anlage 8a behandelt das Thema „Wildursprungsschein" und die Trichinenprobenahme durch den Jäger.

Tierische Lebensmittel-Überwachungsverordnung (Tier-LMÜV) „Verordnung zur Regelung bestimmter Fragen der amtlichen Überwachung des Herstellens, Behandelns und Inverkehrbringens von Lebensmitteln tierischen Ursprungs"

Tierische Nebenprodukte-Beseitigungsgesetz (TierNebG)

Da die Verarbeitung und Vermarktung von Lebensmitteln i. d. R. ein komplexes Unterfangen ist, spielen z. T. auch noch weitere Gesetze und Verordnungen eine Rolle. In den einzelnen Rechtstexten wird sich oft-

Neben europäischen existieren in Deutschland auch landesspezifische Regelungen für die Verabeitung von Lebensmitteln.

mals auch auf weitere – ggf. relevante – Dokumente bezogen, deren Inhalt es dann u. U. zusätzlich zu berücksichtigen gilt. Darüber hinaus ergeben sich regelmäßig Änderungen und Anpasssungen, über die Behörden, Verbände oder Unternehmen informieren. Hier macht es Sinn, entsprechende Newsletter zu abonnieren, um auf dem Laufenden zu bleiben.
Jederzeit öffentlich einsehbar sind die aufgeführten Gesetze und Verordnungen z. B. hier:
EU-Recht: https://eur-lex.europa.eu/homepage.html
Nationales Recht: https://www.gesetze-im-internet.de

ZUSTÄNDIGKEITEN UND ANFORDERUNGEN

In Deutschland ist das öffentliche Veterinärwesen für den Schutz von Mensch und Tier auf vielerlei Ebenen zuständig. Dazu gehört vor allem auch der Schutz des Menschen vor gesundheitlichen Gefahren durch Zoonosen, die Schlachttier- und Fleischuntersuchungen sowie zu Teilen die Lebensmittelüberwachung. Auf Bundesebene sind diese Bereiche dem Bundesministerium für Ernährung und Landwirtschaft (BMEL) zugewiesen. Die Zuständigkeit für die amtliche Lebensmittelüberwachung liegt bei den Bundesländern. Koordiniert wird die Überwachung vom zuständigen Landesministerium oder der Senatsverwaltung, kontrolliert wird von den Lebensmittelüberwachungs- und Veterinärämtern der Kreise oder kreisfreien Städte. Unser Ansprechpartner für alle Fragen rund um Wildbrethygiene und -vermarktung ist daher das örtliche Veterinäramt. Nach der Lektüre der Übersicht über die verschiedenen zu kennenden Rechtstexte, fühlen Sie sich vielleicht erst mal erschlagen. Ja, vieles davon müssen Sie grundsätzlich wissen und berücksichtigen. Zur Vereinfachung finden Sie im Folgenden Zusammenfassungen und Kernpunkte, die für uns Jäger wichtig sind. Dennoch empfehle ich Ihnen, die Gesetzestexte auszudrucken und abzuheften – so können Sie bei Fragen jederzeit nachlesen.

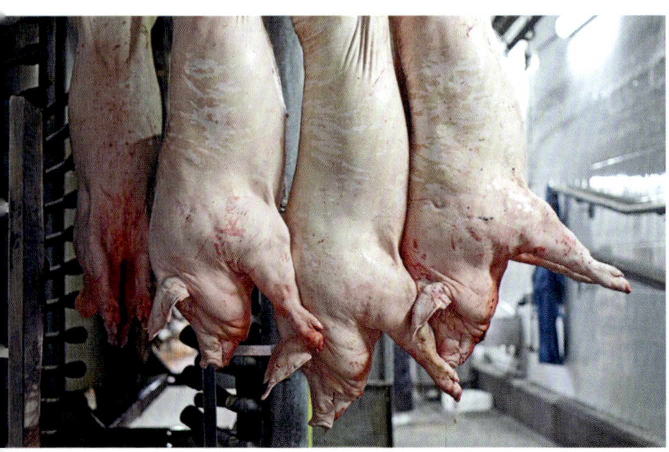

Beispielsweise für die Schlachtung wird eine Zulassung benötigt.

AUSNAHMEREGELUNG WILD

Grundsätzlich ist die „Herstellung“ von Lebensmitteln tierischen Ursprungs **zulassungspflichtig**. Dies gilt immer, wenn ein Betrieb selbst schlachtet sowie bei nichtschlachtenden Betrieben, wenn diese mehr als 1/3 ihrer Produktionsmengen an andere Betriebe abgeben. Außerdem ist grundsätzlich auch die Annahme und Verarbeitung von Wild zulassungspflichtig.

TÄTIGKEITEN IM UMGANG MIT TIERISCHEN LEBENSMITTELN

In der Praxis heißt das, dass ein Betrieb eine Zulassung für z. B. die Tätigkeiten „Schlachtung“, „Verarbeitung“ oder eben „Wildbearbeitung“ beantragt. Dazu müssen diverse Formulare ausgefüllt, Mengen prognostiziert und Betriebspläne eingereicht werden. Die zuständige Veterinärbehörde prüft im Rahmen einer Ortsbegehung die Einhaltung der Anforderungen und erteilt ggf. die beantragte Zulassung. Das umfangreiche „Hygienepaket“ – also die EU-Verordnun-

	NICHT ZULASSUNGSPFLICHTIG	ZULASSUNGSPFLICHTIG
Schlachten		X
Zerlegen, Verarbeiten und Abgabe von mehr als 1/3 an andere Einzelhändler		X
Zerlegen, Verarbeiten und Abgabe von weniger als 1/3 an andere Einzelhändler	X	
Einzelhandel: Enthäuten, Zerlegen und Verarbeiten von Wild und Abgabe an andere Einzelhändler => Wildbearbeitungsbetrieb		X
Einzelhandel: Enthäuten, Zerlegen und Verarbeiten von Wild (kleine Mengen vom Jäger und Abgabe ausschließlich an Endverbraucher)	X	
Jäger: Enthäuten, Zerlegen und Verarbeiten von Wild (kleine Menge) und Abgabe im Umkreis von 100 km an Endverbraucher oder Einzelhändler => Ausnahmeregelung		

ÜBERSICHT: ZULASSUNGSPFLICHTIGE UND NICHT ZULASSUNGSPFLICHTIGE TÄTIGKEITEN

gen zur Lebensmittelhygiene – greift hier in Gänze. Damit einher gehen hohe Anforderungen an Räumlichkeiten, Hygiene und vor allem Dokumentation. Müsste der Jäger alle diese Anforderungen für die Verarbeitung und den Verkauf von einigen Stücken Wild im Jahr erfüllen, würde es vermutlich keinen (rechtskonformen) Verkauf von Wildfleisch direkt aus dem Revier mehr geben. Da dies weder im Interesse des Gesetzgebers noch förderlich für die (notwendige) Ausübung der Jagd ist, hat man Sonderregelungen für Jäger und Fleischverarbeiter aufgestellt. Der Jäger bewegt sich rechtlich so vor allem im Ausnahmebereich der **„Primärproduktion“** bzw. der Abgabe von **Primärerzeugnissen** und **kleiner Mengen**. Er muss daher nur einen Teil bzw. je nach Fall und Ausmaß der Tätigkeit nur bestimmte Teile der Anforderungen erfüllen und keine Zulassung beantragen. Unter welchen Umständen man diese Ausnahmeregelungen in Anspruch nehmen darf – und somit die Pflicht zur Zulassung entfällt – und welche Anforderungen dann gelten, wird im Folgenden anhand von Fallbeispielen beantwortet. Anforderungen an den Umgang mit dem Lebensmittel Wild im Detail (z. B. Vorschriften zu Kühlung und Lagerung) finden sich ebenfalls im Folgenden.

Bevor wir nun zu den Sonderrechten der Jäger kommen, bietet es sich an, erst mal zu hinterfragen, welcher Personenkreis damit überhaupt gemeint ist. Das Lebensmittelhygienerecht beschreibt zwar die Rechte

REGISTRIERUNG VS. ZULASSUNG

Des Öfteren hört oder liest man von Jägern, sie hätten eine „zugelassene" Wildkammer. Gemeint ist hiermit aber meistens, dass der Jäger mit seiner Wildkammer registriert ist und die Wildkammer die dafür nötigen Auflagen erfüllt. Eine solche Registrierung als Lebensmittelunternehmer erfolgt i. d. R. durch eine einfache Meldung bei der zuständigen Behörde. Erfüllt die Wildkammer alle nötigen Anforderungen, gilt diese als abgenommen.

und Pflichten des Jägers, definiert diese aber nicht. Da es eigentumsrechtlich allerdings einen großen Unterschied macht, ob man Jagdausübungsberechtigter oder Jagdgast ist, ergeben sich hieraus eigentlich auch Unterschiede in den Vermarktungsmöglichkeiten. Möchte der Jagdgast das von ihm erlegte Wild selbst vermarkten, muss er es dem Pächter oder Jagdbesitzer rechtlich gesehen erst abkaufen, da diesem nach Jagdrecht automatisch alles erlegte Wild aus seinem Revier gehört. In diesem Fall wäre der Jagdgast dann allerdings eine Art Zwischenhändler und lebensmittelrechtlich somit als Einzelhändler einzustufen – doch dazu später mehr. Dies geht wiederum mit erhöhten Anforderungen einher. Kann also nur der Jagdausübungsberechtigte Wild im Rahmen der Ausnahmeregelungen vermarkten? Eine Anfrage bei mehreren Ministerien ergab hierzu keine eindeutige Antwort. Zum Teil wurden Gesetzestexte so interpretiert, dass auch ein Jagdgast diesen vereinfachten Weg gehen darf, teils wurde jedoch geantwortet, dass er es nicht darf. Sollte Sie diese Problematik betreffen, wäre eine Einigung wie beispielsweise „dem Jagdgast gehört automatisch alles, was er erlegt" oder „Abschuss inkl. Wildbret" denkbar. Quasi eine Vorabübertragung des Aneignungsrechts. Sicherheitshalber ist aber auch hier eine Rückfrage beim zuständigen Amt empfehlenswert. Mit Größe und Umfang der Tätigkeit als Wildverarbeiter und -vermarkter ergeben sich steigende Anforderungen. Einige Regeln gelten allerdings für jeden, daher ist grundsätzlich festzuhalten: Gibt der Jäger Wild ab – egal in welcher Form, egal ob gegen Bezahlung oder nicht –, gilt er nach Lebensmittelrecht als **„Lebensmittelunternehmer"**. Er ist somit für die Qualität der Ware und die Einhaltung aller Vorschriften verantwortlich. In der Regel gilt der Jäger nicht nur vor dem Gesetz als Lebensmittelunternehmer, sondern muss sich auch behördlich als solcher registrieren. Dies geschieht normalerweise über Formblätter beim zuständigen Veterinäramt. Wird ein Gewerbe angemeldet, ist dies nicht nötig, da das Veterinäramt automatisch über die Tätigkeit informiert wird. Nach Lebensmittelhygienerecht ist jeder, der Lebensmittel abgibt, Lebensmittelunternehmer. Diesen Status erhalten wir also automatisch, sobald wir Wild – egal in welcher Form – verkaufen oder verschenken. Offiziell bei der zu-

	keine Registrierungspflicht	Pflicht zur Registrierung als Lebensmittelunternehmer
Eigenverbrauch	X	
Abgabe in der Decke an Endverbraucher oder Einzelhändler (kleine Menge)	X	
Abgabe in der Decke an Endverbraucher oder Einzelhändler (größere Menge)		X
Abgabe an Wildbearbeitungsbetrieb		X
Abgabe ohne Decke		X
Abgabe zerlegt		X
Abgabe veredelt		X

ÜBERSICHT: REGISTRIERUNGSPFLICHT FÜR VERSCHIEDENE TÄTIGKEITEN

ständigen Behörde als Lebensmittelunternehmer registrieren lassen müssen wir uns darüber hinaus, wenn wir Wild in einem bestimmten Umfang bzw. einer bestimmten Art vermarkten. Ein Wildverkäufer ist also vor dem Gesetz immer ein Lebensmittelunternehmer und darüber hinaus manchmal auch als solcher behördlich registriert.
Zeigt zu verwertendes Wild Auffälligkeiten, muss es in jedem Fall amtlich beschaut werden, ansonsten ist dies im Rahmen der Ausnahmeregelung nicht grundsätzlich vorgeschrieben. Für (potenzielle) Trichinenträger ist eine Trichinenbeschau hingegen immer verpflichtend. Das Lebensmittel muss zudem sicher sein und darf daher nicht verdorben, verschmutzt oder kontaminiert sein. Unfallwild darf nicht abgegeben werden und es dürfen auch keine irreführenden Angaben gemacht werden. Bei der Abgabe an Wiederverkäufer muss zudem eine Rückverfolgbarkeit gewährleistet werden. Für die Abgabe von verderblichen Lebensmitteln wie Wildfleisch muss zudem eine **Sachkunde** vorliegen. Diese erlangt der Jäger durch das erfolgreiche Ablegen der Jägerprüfung sowie ggf. durch Fortbildungen. In Ausnahmebereichen ist zudem keine grundsätzliche amtliche Fleischbeschau vorgeschrieben.
Eine amtliche Fleischuntersuchung ist vorgeschrieben:

1. Bei Feststellung bedenklicher Merkmale
2. Bei Abgabe an einen Wildbearbeitungsbetrieb (erfolgt dann im Betrieb)
3. Bei potenziellen Trichinenträgern (Untersuchung nur verpflichtend auf Trichinen)

AUSNAHMEREGELUNG FÜR JÄGER

Wie eingangs erwähnt, richtet sich dieses Buch an Jäger, die ihr Wild und ggf. das ihrer Mitjäger im kleinen Stil im Umkreis vermarkten wollen. Denn alle Ausnahmeregelungen, die es uns Jägern überhaupt ermöglichen, ohne allzu hohe Anforderungen – insbesondere ohne zugelassenen Betrieb – am eigentlich streng regulierten Fleischmarkt teilzunehmen, gelten auch nur für diesen Fall. Konkret heißt das:

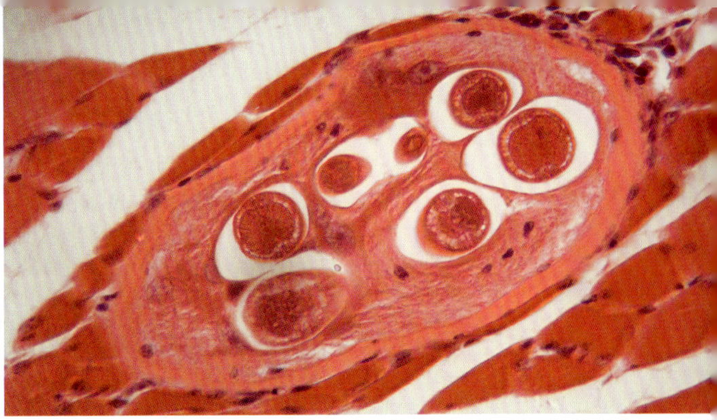

Die Trichinenuntersuchung ist bei potenziellen Trichinenträgern, die für den menschlichen Verzehr gedacht sind, verpflichtend.

1. Es werden „kleine Mengen" abgegeben. Diese werden als die Strecke eines Jagdtages definiert – auch auslegbar als Strecke eines Drückjagdtages.
2. Es wird an „Endverbraucher und örtliche Betriebe des Einzelhandels (zur direkten Abgabe an Endverbraucher)" abgegeben. Dies sind Privatpersonen, Gaststätten, Metzgereien, Wildfleischgeschäfte o. ä. Achtung: Eine große Rolle spielt hierbei, ob die Betriebe eine EU-Zulassung (Wildbearbeitungsbetrieb) haben. In diesem Fall handelt es sich nicht mehr um einen Einzelhandelsbetrieb im hier gemeinten Sinne und es gelten weitere Anforderungen.
3. Es wird nur 100 km um den Erlege- oder Wohnort des Jägers abgegeben.

Gebe ich größere Mengen ab, gebe ich außerhalb des 100-km-Radius hinaus ab oder gebe ich an zugelassene Betriebe ab, gelten die zuvor beschriebenen Ausnahmeregelungen nicht mehr. In diesen Fällen ist immer die Eröffnung eines professionellen Wildhandels- bzw. Fleischereibetriebs, i. d. R. mit Zulassung zum Wildbearbeitungsbetrieb, erforderlich. Die Abgabe von Wild in der Decke an zugelassene Betriebe bildet hierbei noch eine weitere Art Ausnahme und ist einfacher umsetzbar.

ABGABEFORMEN – ÜBERSICHT

Primärproduktion & Ausnahmebereich:

1. Vermarktung in der Decke
2. Vermarktung von selbst zerwirktem Wild
3. Vermarktung von fremd zerwirktem Wild
4. Vermarktung von zugekauftem Wild
5. Wildvermarktung als Metzger

Sonderfälle:

1. Privater häuslicher Gebrauch
2. Abgabe an Wildbearbeitungsbetrieb

Darüber hinaus:

1. Abgabe als zugelassener Wildbearbeitungsbetrieb

ABGABEBEISPIELE

Ich bin Jäger und möchte Wild in der Decke verkaufen:

- Keine Pflicht zur Registrierung als Lebensmittelunternehmer
- Keine grundsätzliche Pflicht zur amtlichen Fleischuntersuchung
- Grundsätzliche Anforderungen an Hygiene im Umgang und bei der Lagerung/Kühlung müssen beachtet werden.
- Bei Abgabe an den Einzelhandel: Beachtung der Vorschriften zur Rückverfolgbarkeit

Ich bin Jäger und möchte selbst aus der Decke geschlagenes bzw. grob zerwirktes Wild verkaufen:

- Pflicht zur Registrierung als Lebensmittelunternehmer inkl. Wildkammer
- Keine grundsätzliche Pflicht zur amtlichen Fleischbeschau
- Erhöhte Hygieneanforderungen: Wildkammer
- Bei Abgabe an den Einzelhandel: Beachtung der Vorschriften zur Rückverfolgbarkeit
- Beachtung der Dokumentationspflichten inkl. Hygiene- und (vereinfachtem) HACCP-Konzept

Ich bin Jäger und möchte von Dritten (ohne Zulassung) für mich aus der Decke geschlagenes bzw. grob zerwirktes Wild verkaufen (landesabhängige Unterschiede beachten!)

Auch die Strecke eines Drückjagdtages kann als „kleine Menge" definiert werden.

Soll Wild in der Decke nach dem Aufbrechen vermarktet werden, ist keine Registrierung als Lebensmittelunternehmer notwendig.

- Pflicht zur Registrierung als Lebensmittelunternehmer und -einzelhandel
- Ggf. Pflicht zur Anmeldung einer Einzelhandelstätigkeit (siehe Kapitel „Gewerberecht")
- Keine grundsätzliche Pflicht zur amtlichen Fleischbeschau
- Hilfsperson muss sachkundig sein
- Jäger bleibt voll verantwortlich
- Abgabe nur an Endverbraucher

NEUE REGELUNGEN

In älterer Literatur findet man häufig die Angabe, dass Wild nicht von einem Metzger (ohne EU-Zulassung) für einen Jäger zerlegt/verarbeitet werden darf bzw. dass der Jäger es danach nicht weiterverkaufen darf. Seit 2020 gibt es hierzu allerdings neue Regelungen. Auf Empfehlung der Arbeitsgruppe „Fleisch- und Geflügelfleischhygiene und fachspezifische Fragen von Lebensmitteln tierischer Herkunft der Länderarbeitsgemeinschaft gesundheitlicher Verbraucherschutz" (AFFL) haben einige Länder den Jägern nun die Möglichkeit eingeräumt, ihr Wild von einem Fleischer ohne EU-Zulassung für Wildbearbeitung zerwirken und veredeln zu lassen, um es anschließend zurückzunehmen und selbst zu verkaufen.

Ich bin Jäger und möchte veredeltes Wild vermarkten

- Pflicht zur Registrierung als Lebensmittelunternehmer und -einzelhandel
- Ggf. Pflicht zur Anmeldung einer Einzelhandelstätigkeit (siehe Abschnitt „Gewerberecht")
- Keine grundsätzliche Pflicht zur amtlichen Fleischbeschau
- Darf nur an Endverbraucher abgegeben werden

Ich bin Jäger und möchte selbst veredeltes Wild vermarkten

- Erhöhte Anforderungen an Wildkammer
- Registrierung mit Angabe der Betriebsstätte
- Erhöhte Sachkunde erforderlich (ggf. Fleischerausbildung)

	VERWENDUNG/ ABGABE	UNTERSUCHUNG AUF BEDENKLICHE MERKMALE	AMTLICHE FLEISCHUNTERSUCHUNG	REGISTRIERUNG ALS LEBENSMITTELUNTERNEHMER	ZULASSUNGSPFLICHTIGE TÄTIGKEIT	REGISTRIERUNG/EINORDNUNG ALS LEBENSMITTELEINZELHANDEL
Kommentar	regional: 100 km um Erlegungs– und Wohnort, kleine Menge: Tagesjagdstrecke, EH: an den Endverbraucher abgebender Einzelhandel	bei potenziellen Trägern immer amtliche Untersuchung auf Trichinen	auch wenn nicht grundsätzlich gefordert, immer notwendig, wenn bedenkliche Merkmale vorhanden	gemäß Art. 6 VO (EG) Nr. 852/2004		Wildfleischgeschäft/ Fleischerei gemäß Art. 6 VO (EG) Nr. 852/2004
in der Decke	Eigenverbrauch	ja	nein	nein	nein	nein
	Abgabe in der Decke, kleine Menge, regional an Endverbraucher oder EH	ja	nein	nein	nein	nein
	Abgabe in der Decke, größere Mengen und/oder überregional	ja	ja	ja	ja	ja
	Abgabe in der Decke (jede Menge) an zugelassenen Wildbearbeitungsbetrieb	ja	ja (beim Käufer)	ja	nein	nein
	Abgabe zugekauftes Wild in der Decke	ja	nein	ja	nein	ja

ÜBERSICHT: TÄTIGKEITEN UND DAMIT EINHERGEHENDE ANFORDERUNGEN

HYGIENE-ANFORDERUNGEN	ANFORDERUNGEN AN AUSSTATTUNG/RÄUMLICHKEIT	SACHKUNDE-ANFORDERUNG	RÜCKVERFOLGBARKEIT	GERWERBERECHTLICHE EINORDNUNG	KOMMENTAR
ansteigende Anforderungen	auch Nutzung von Räumlichkeiten Dritter möglich	es kann sich eines sachkundigen Erfüllungsgehilfen bedient werden	gemäß VO (EG) Nr. 178/2002, Art. 18		
–	–	–	–	–	–
Anlage 2 – LMHV/ Anlage 4 – Tier-LMHV	bei Zwischenlagerung Kühlmöglichkeit	geschult	bei Abgabe an Wiederverkäufer	Urproduktion	–
gesamtes „Hygienepaket"	erweiterte Anforderungen (zulassungspflichtiger Bereich)	geschult, ggf. kundig, IfSG-Belehrung, ggf. Fleischer	Wildbegleitschein ggf. mit Identifikationsmarke (von kundiger Person)	Urproduktion	–
Anhang III Abs. IV Kap. II VO (EG) 853/2004; Anlage 2 – LMHV; Anlage 4 – Tier-LMHV	bei Zwischenlagerung Kühlmöglichkeit	mind. geschult; kundige Person (oder Mitgabe aller Eingeweide und Kopf)	Wildbegleitschein ggf. mit Identifikationsmarke (von kundiger Person)	Urproduktion	–
Anhang II – VO (EG) 852/2004; Anlage 5 – Tier-LMHV; Eigenkontrolle zur Gefahrenbeherrschung; Eigenkontrolle durch regelm. Probennahme	bei Zwischenlagerung Kühlmöglichkeit	geschult, IfSG-Belehrung, ggf. Fleischer	bei Abgabe an Wiederverkäufer	bis 10 % Urproduktion, darüber anzeigepflichtiges Gewerbe	–

	VERWENDUNG/ ABGABE	UNTERSUCHUNG AUF BEDENKLICHE MERKMALE	AMTLICHE FLEISCHUNTERSUCHUNG	REGISTRIERUNG ALS LEBENSMITTELUNTERNEHMER	ZULASSUNGSPFLICHTIGE TÄTIGKEIT	REGISTRIERUNG/EINORDNUNG ALS LEBENSMITTELEINZELHANDEL
aus der Decke/grob zerwirkt	Abgabe aus der Decke/ grob zerwirkt (**selbst**), kleine Menge regional an Endverbraucher oder EH	ja	nein	ja (mit Wildkammer)	nein	nein
	Abgabe aus der Decke/ grob zerwirkt (**fremd**), kleine Menge regional an Endverbraucher oder EH	ja	nein	ja	nein	nein
fein zerlegt/veredelt	Abgabe (auch zugekauftes Wild) von Wildfleischerzeugnissen an Endverbraucher	ja	nein	ja (mit Wildkammer)	nein	ja

ÜBERSICHT: TÄTIGKEITEN UND DAMIT EINHERGEHENDE ANFORDERUNGEN

Will man als Jäger veredeltes Wildfleisch verkaufen, darf dies nur an Endverbraucher abgegeben werden.

HYGIENE-ANFORDERUNGEN	ANFORDERUNGEN AN AUSSTATTUNG/RÄUMLICHKEIT	SACHKUNDE-ANFORDERUNG	RÜCKVERFOLGBARKEIT	GERWERBERECHTLICHE EINORDNUNG	KOMMENTAR
Anhang II – VO (EG) 852/2004; Anlage 4 Tier-LMHV; Eigenkontrolle zur Gefahrenbeherrschung	geeignete Räumlichkeiten und Kühlmöglichkeiten	geschult, IfSG-Belehrung	bei Abgabe an Wiederverkäufer	Urproduktion	
Anhang II – VO (EG) 852/2004, Anlage 4 – Tier-LMHV, Eigenkontrolle zur Gefahrenbeherrschung	geeignete Kühlmöglichkeiten	geschult	bei Abgabe an Wiederverkäufer	Urproduktion	
Anhang II – VO (EG) 852/2004; Anlage 5 – Tier-LMHV; Eigenkontrolle zur Gefahrenbeherrschung; Eigenkontrolle durch regelmäßige Probennahme	geeignete Betriebsräume	geschult, IfSG-Belehrung, ggf. Fleischer	–	anzeigepflichtiges Gewerbe	Abgabe nur am Ort der Herstellung und nur direkt an den Endverbraucher

Ich bin Jäger und möchte von einem Dienstleister veredeltes Wild vermarkten

— Lebensmittelrechtliche Verantwortung bleibt nachvollziehbar beim Jäger

Ich bin Jäger und möchte zugekauftes Wild vermarkten

Da Jäger nur an Endverbraucher oder den örtlichen Einzelhandel abgeben dürfen, muss der Jäger, der Wild von Anderen zukaufen möchte, ein Einzelhändler werden. Ansonsten gelten je nach Grad der Verarbeitung die gleichen Regeln wie zuvor beschrieben. Zur Unterscheidung zwischen der lebensmittelrechtlichen Einordnung des Einzelhandels und der gewerberechtlichen, gibt es weitere Informationen im Abschnitt „Gewerberecht".

Ich bin Fleischer mit Betrieb ohne Zulassung für Wildbearbeitung

— Kleine Menge an Wild kann selbst beschafft werden (wenn Fleischer auch Jäger ist) oder vom Jäger bezogen werden

— Keine extra Registrierung nötig, da diese bereits über Gewerbeanmeldung abgedeckt ist

VERMARKTUNGSWEGE/ BETRIEBSARTEN

Vermarktung von Primärerzeugnissen
↓
Vermarktung von kleinen Mengen Wildfleisch
↓
Fleischerei ohne Zulassung
↓
Wildbearbeitungsbetrieb

— Keine grundsätzliche Pflicht zur amtlichen Fleischbeschau

— Max. 1/3 der Produktionsmenge darf an andere örtliche Einzelhandelsunternehmen abgegeben werden

— Min. 2/3 müssen direkt an Endverbraucher abgegeben werden

Ich bin Fleischer mit Betrieb ohne Zulassung für Wildbearbeitung, aber mit Zulassung für Verarbeitung, Schlachtung o. ä.

— Keine Registrierung nötig, da diese bereits über Gewerbeanmeldung abgedeckt ist

— Keine grundsätzliche Pflicht zur amtlichen Fleischbeschau

— Max. 1/3 der Produktionsmenge darf an andere örtliche Einzelhandelsunternehmen abgegeben werden.

— Min. 2/3 müssen direkt an Endverbraucher abgegeben werden.

— Nutzung der zugelassenen Räumlichkeiten nur mit zeitlicher Trennung

— Produkte dürfen nicht mit einem Identitätskennzeichen (EU-Stempel) versehen werden

— Bisher: Produkte dürfen nur am Ort der Herstellung und nur an Endverbraucher abgegeben werden

SONDERFÄLLE

Ich bin Jäger und esse mein Fleisch ausschließlich selbst (inkl. eigener Haushalt)

Es gibt für Sie keinerlei Auflagen, die es bei Verarbeitung und Lagerung von Wild zu beachten gilt. Einzig die Trichinenuntersuchung und eine amtliche Beschau bei Auffälligkeiten ist verpflichtend, wenn das Fleisch verzehrt werden soll. Egal ob von Ihnen oder jemand anderem.

Ich bin Jäger und möchte mein Wild in der Decke an einen Wildbearbeitungsbetrieb abgeben (fällt nicht mehr in den Ausnahmebereich, EU-Recht greift vollumfäng-

lich, auch Abgabe größerer Mengen möglich)
- Pflicht zur Registrierung
- Verpflichtende amtliche Fleischbeschau (erfolgt im Betrieb)
- Pflicht zur Untersuchung auf Trichinen liegt beim Abnehmer (Kopf & Zwerchfell beizufügen)
- Lebend- und Organbeschau durch kundigen Jäger (Ausstellung von Unbedenklichkeitserklärung oder Mitteilung bedenklicher Merkmale bei Großwild)

oder

- Mitlieferung von roten Organen und Kopf (nur bei Großwild)
- Verpflichtende Beschau durch kundige Person bei Kleinwild
- Beachtung der Vorschriften zur Rückverfolgbarkeit
- Ohne Wildkammer: Am einfachsten ist es, wenn der Wildhändler das Wild direkt annimmt, bzw. entsprechende Annahmestellen (Kühlanhänger) zur Verfügung stellt.
- Mit Wildkammer: Kühlung muss dokumentiert werden

Achtung, derjenige (Kundige Person), der die Unbedenklichkeitsbescheinigung ausstellt, haftet für die Sicherheit des Lebensmittels.

WO FINDE ICH BETRIEBE MIT EU-ZULASSUNG?

Das Bundesamt für Verbraucherschutz stellt auf seiner Internetseite Listen mit allen Betrieben, die gemäß VO (EG) Nr. 853/2004 für den Handel (und die Verarbeitung) von Lebensmitteln tierischen Ursprungs in Deutschland zugelassen sind, zur Verfügung. In Gruppe IV findet man dort alle Betriebe mit einer Zulassung für Wildzerlegung und -bearbeitung. Mit einer Suchmaske kann hier z. B. nach Ort oder Name gefiltert werden.

GEMEINSAME NUTZUNG VON RÄUMEN

Eine Wildkammer darf auch von mehreren Lebensmittelunternehmern genutzt werden. So können sich z. B. verschiedene Reviere bzw. Pächter zusammenschließen und eine Kammer teilen. Die lebensmittelrechtliche Verantwortung (Erfüllung aller Anforderungen, Beseitigung Mängel etc.) muss dabei allerdings eindeutig geregelt sein. Auch Lebensmittelbetriebe dürfen Jägern geeignete Räumlichkeiten zur Verfügung stellen. So können Jäger z. B. in einer Fleischerei oder Küche nach Feierabend ihr Wild zerlegen. Auch hier müssen Verantwortungen klar geregelt sein und die unterschiedlichen Nutzungen strikt getrennt werden. Ausnahme: Hat ein Betrieb eine EU-Zulassung für Wildbearbeitung, dürfen diese Räumlichkeiten auch nur dafür genutzt werden. Dort darf demnach keine registrierungspflichtige Tätigkeit (Verarbeitung kleiner Mengen Wild ohne Fleischbeschau) ausgeübt werden.

KLEINER WILDHANDEL

Wer mehr als ein paar einzelne Stücke vermarkten will, aber dennoch keine professionelle Wildmetzgerei auf die Beine stellen möchte, kann einen Zwischenweg gehen. Über die Anmeldung als Einzelhandelsgeschäft ergibt sich die Möglichkeit, auch kleine Mengen aus anderen Revieren sowie Wildfleischerzeugnisse an den Endverbraucher zu verkaufen. Bleibt man im Ausnahmebereich, wird dafür weiterhin keine Zulassung benötigt. Aber Achtung: Wer Wurst, Schinken und Co. selbst herstellt, muss nach Gewerberecht i. d. R. einen Fleischermeister beschäftigen oder gar selbst einen Meisterbrief vorweisen können. Eine Lösung wäre hier, ein Unternehmen zu gründen, das ausschließlich mit Wild handelt und die Tätigkeit somit nicht dem Beruf des Fleischers entspricht. Das gejagte Wild kann so (in Bundesländern, die diese Lösung bereits erlauben) vom Fleischer zerwirkt und veredelt werden und dann entsprechend weiter vermarktet werden. In Ländern, in denen die Zuhilfenahme eines klassischen Fleischers (noch) nicht erlaubt ist, muss sich der Jäger für eine Lohnverarbeitung an einen Betrieb mit EU-Zulassung wenden.

SACHKUNDE

Die LMHV schreibt vor, dass leicht verderbliche Lebensmittel nur von Personen hergestellt und vermarktet werden dürfen, die durch eine Schulung über die entsprechenden Fachkenntnisse verfügen. Dies entfällt, wenn der Jäger eine wissenschaftliche Ausbildung oder eine Berufsausbildung abgeschlossen hat, in der entsprechende Inhalte vermittelt wurden.
Ansonsten gilt für den Bereich Wildfleisch: Wer Wild in der Decke oder grob zerwirkt (im Ausnahmebereich, also kleine Mengen an Endverbraucher etc.) abgeben möchte, muss das Wild vor und nach dem Erlegen einer Untersuchung insbesondere auf die in Anlage 4 Nummer 1.3 bezeichneten Merkmale zuführen, die das Fleisch als bedenklich zum Verzehr für Menschen erscheinen lässt. Weiterhin muss eine hygienische Behandlung des Wildes bei der Vorbereitung zur Abgabe sowie bei seiner Lagerung und Beförderung sichergestellt werden. Jäger, die nach dem 1. Februar 1987 ihre Jagdscheinprüfung absolviert haben, gelten in Deutschland als „ausreichend geschult". An diesem Tag trat die Fleischhygieneverordnung in Kraft. Der Gesetzgeber setzt demnach voraus, dass während der Jagdscheinausbildung die entsprechenden Inhalte vermittelt werden. Wer seine Ausbildungszeit jedoch ehrlich Revue passieren lässt, gesteht sich vielleicht ein, dass besagte Inhalte möglicherweise nicht besonders detailliert vermittelt – oder mittlerweile auch schon vergessen – wurden. Es empfiehlt sich daher für alle – nicht nur für Jäger, die vor dem 01.02.1987 die Jägerprüfung abgelegt haben –, eine (Auffrischungs-)Schulung zu besuchen und sich noch einmal mit dem Thema vertraut zu machen. Viele Jagdschulen, Verbände und Veterinärämter bieten Fortbildungen im Bereich Wildbrethygiene an. Da die „kundige Person" als besser ausgebildet gilt als die „ausreichend geschulte", wird i. d. R. nur noch die Weiterbildung zu ersterem angeboten. Fachkenntnis und Sachkunde sind somit ebenfalls nachgewiesen.

Die Herstellung sowie der Verkauf von Wurst oder Schinken ist in der Regeln Fleischmeistern vorbehalten.

KUNDIGE PERSON

Wer Wild in der Decke an einen Wildbearbeitungsbetrieb abgeben möchte, muss darüber hinaus i. d. R. noch weiter ausgebildet sein. Da wir uns hier außerhalb des Ausnahmebereichs bewegen und das Wild amtlich beschaut werden muss, muss der Jäger quasi einen Teil der Arbeit des Amtsveterinärs übernehmen und eine Lebend- und Organbeschau vornehmen sowie eine entsprechende Unbedenklichkeitsbescheinigung ausstellen. Er muss daher „kundige Person" sein. Die Anforderungen dazu finden sich in der EU-VO 853 und verlangen ein Wissen über Anatomie, Physiologie sowie normale und abnormale Verhaltensweisen. Zudem muss sich der Jäger mit Wildbrethygiene und rechtlichen Anforderungen auskennen.

Bescheinigung
nach Verordnung (EG) Nr. 853/2004 Anhang III Abschnitt IV **Nummer: ....../Jahr.........**

Untersuchende kundige Person (Name, Anschrift)

....

....

....

Feststellungen der kundigen Person:

Nr.	Wildart:	Erlegungsdatum:	Jagdrevier:

Feststellungen (zutreffendes bitte ankreuzen):

□	Für die Tiere mit Nr.:... - wurden vor dem Erlegen vom Erleger keine Verhaltensstörungen des Tieres beobachtet - wurden bei der Untersuchung des Wildkörpers und aller Eingeweide von mir keine auffälligen Merkmale beobachtet, die darauf schließen lassen, dass das Fleisch gesundheitlich bedenklich sein könnte - besteht kein Verdacht auf Umweltkontamination

□	Folgende auffällige Merkmale / Verhaltensstörung / Verdacht auf Umweltkontamination wurden von mir festgestellt (jeweils Nr. des Tieres und genaue Beschreibung): .... Folgende Teile sind beigefügt: Kopf, außer Hauer, Geweih und Hörner, sowie alle Eingeweide außer Magen und Gedärme

....
Datum, Unterschrift kundige Person

In einer Bescheinigung muss der Jäger als kundige Person Auskunft über Lebendbeschau und die Organe des aufgebrochenen Stücks geben.

Diesen Status einer „**kundigen Person**" erreicht man durch entsprechende Fortbildungen. Denn der Jäger muss „... auf dem Gebiet der Wildpathologie und der Produktion und Behandlung von Wildbret ausreichend geschult sein, um das Wild vor Ort einer ersten Untersuchung unterziehen zu können" (VO 853). Im Rahmen der Jagdscheinausbildung wird dies heute i. d. R. bereits mitgelehrt. Sollte der Erleger nicht kundig sein, kann die Untersuchung auch von einem Mitjäger o. ä. mit entsprechender Sachkunde durchgeführt werden. Dieser muss sich dabei

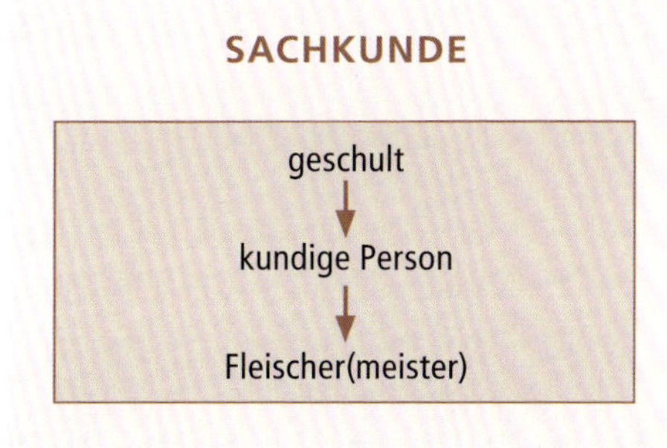

Bei der Sachkunde wird zwischen geschulten sowie kundigen Personen und Fleischern unterschieden.

allerdings auf die Beobachtungen des Erlegers vor dem Schuss verlassen – er selbst kann ja keine Lebendbeschau mehr durchführen. Falls keine kundige Person zur Verfügung steht – oder bedenkliche Merkmale festgestellt wurden –, müssen die roten Organe und der Kopf des Tieres mit abgegeben werden.

Wird eine Gewerbeanmeldung nötig – dies ist der Fall bei der (selbst durchgeführten) Verarbeitung zu feinzerlegten und veredelten Produkten –, ist eine Eintragung in die Handwerksrolle nötig. Hierfür wird ein Fleischermeister benötigt. Entweder man weist diesen vor oder man stellt einen Mitarbeiter mit Meisterbrief ein. Inwieweit hier Ausnahmen gelten können, ist mit dem zuständigen Veterinär- und Gewerbeamt abzusprechen. Weitere Informationen befinden sich im Abschnitt Gewerberecht.

Wer (gewerbsmäßig) bestimmte Lebensmittel – wie Wildfleisch und Produkte daraus – herstellt, behandelt oder in Verkehr bringt, benötigt vor erstmaliger Ausübung dieser Tätigkeiten eine Bescheinigung gemäß § 43 Abs. 1 Infektionsschutzgesetz. Diese Belehrung wird i. d. R. von Gesundheitsämtern, oftmals auch online, angeboten. Soll ein potenzieller Trichinenträger verzehrt werden, muss dieser zuvor auf eine Infektion untersucht werden. Bei Hausschweinen nimmt der Amtsveterinär die entsprechende Probe bei der Fleischbeschau, bei der Wildverwertung darf dies unter Umständen auch der Jäger. Dieser muss dafür eine Schulung besuchen und einen Antrag beim Veterinäramt stellen.

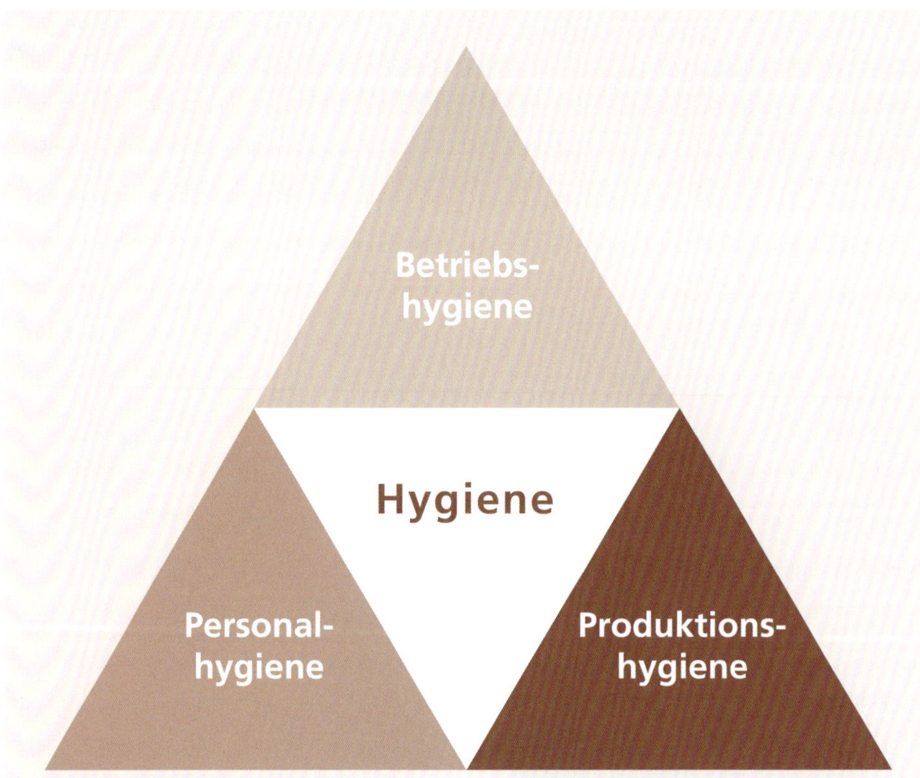

Die Hygiene lässt sich in die Teilbereiche Betriebshygiene, Produktionshygiene und Personalhygiene einteilen.

HYGIENE & DOKUMENTATION

Der deutsche Fleischerverband hat Leitlinien für eine gute Hygienepraxis für Fleischereien ausgearbeitet. Sie sollen Betrieben bei der Umsetzung der Hygieneanforderungen und der Einführung eines HACCP- und Eigenkontrollkonzepts helfen. Auch wenn sich die Anforderungen dort auf größere Betriebe (i. d. R. mit Zulassung) beziehen, bietet das Dokument auch für kleinere Lebensmittelunternehmer eine gute Hilfestellung. Bezogen werden können die Leitlinien über den deutschen Fleischerverband.
Wie eingangs erwähnt, trägt der Jäger als Lebensmittelunternehmer die Hauptverantwortung für die Lebensmittelsicherheit seines Wilds und der daraus hergestellten Produkte. Er muss also neben der Verhinderung von Lebensmittelinfektionen und -vergiftungen auch dafür sorgen, dass das Lebensmittel vor nachteiligen Beeinflussungen (z. B. Staub, Schmutz, ekelerregende Einflüsse) geschützt wird und Herstellung sowie Inverkehrbringung unter hygienisch einwandfreien Bedingungen erfolgen.
Wird die sogenannte „gute Hygienepraxis" in allen drei folgenden Hygienebereichen (Personalhygiene, Betriebshygiene, Produkthygiene) angewendet, ist von dem geforderten sorgfältigen Umgang mit dem Lebensmittel auszugehen.

PERSONALHYGIENE

Da der Mensch auf seiner Körperoberfläche und vor allem auf den Schleimhäuten Keime trägt, die die Qualität von Lebensmitteln erheblich verringern können, müssen Maßnahmen ergriffen werden, um dies zu verhindern. Der Jäger und ggf. seine Helfer müssen sich über hygienische Zusammenhänge und mögliche Gefahren deshalb bewusst sein.
Schulungen & Unterweisungen: Der Jäger und ggf. seine Mitarbeiter müssen über alle

Das regelmäßige Waschen der Hände gehört selbstverständlich zur persönlichen Hygiene.

Hygienevorschriften und die sich daraus ergebenden Regeln für den Umgang mit Lebensmitteln geschult sein. Falls Sie Helfer beschäftigen, tragen Sie dafür Sorge, dass diese entsprechend informiert sind und sich konform verhalten.
Persönliche Hygiene: Wer mit Lebensmitteln umgeht, sollte auf einen gepflegten Gesamteindruck achten. Dazu gehört regelmäßige Körperhygiene und -pflege von Kopf bis Fuß. Nägel sollten kurz und sauber sein und Schmuck sowie Uhren vor der Arbeit abgelegt werden. Dies dient nicht nur der Hygiene, sondern auch der Unfallverhütung!
Krankheiten und Verletzungen: Krankheiten, die durch Lebensmittel übertragen werden können, infizierte Wunden, Hautinfektionen oder Durchfall verbieten dem Erkrankten den Umgang mit Lebensmitteln, wenn die Gefahr einer Kontamination besteht. Weitere Informationen zu diesem Thema erhält der Lebensmittelunternehmer in der Belehrung nach § 43 IfSG, die i. d. R. bei fast allen Formen der Wildbret-Vermarktung besucht und nachgewiesen werden muss. Bei kleineren Verletzungen ist ein wasserdichter Verband anzulegen und ggf. mit Handschuhen zu arbeiten.
Arbeitskleidung: Um den Jäger und seine Privatkleidung vor schädlichen Einflüssen und Verschmutzung sowie das Lebensmittel vor Kontamination zu schützen, muss bei der Arbeit mit Fleisch geeignete Arbeitskleidung getragen werden. Hierzu

gehören Hygiene- und Schutzbekleidung. Klassischerweise sind dies: helle Stiefel, helle Hose sowie Mantel oder Overall, Kopfbedeckung, Haarnetz, Bartnetz und Schutzausrüstung nach berufsgenossenschaftlichen Vorschriften. Treffen diese nicht zu, sollte dennoch aus Vernunft nicht darauf verzichtet werden.
Für die Arbeitskleidung gelten folgende Grundsätze:

1. Nach Bereichen trennen: Für jeden Arbeitsbereich sollte entsprechende Kleidung vorhanden sein. Idealerweise gibt es eine Schürze fürs Aufbrechen und eine fürs Zerwirken, mindestens aber muss eine gründliche Reinigung zwischen den Arbeitsschritten erfolgen.
2. Zweckmäßige Nutzung: Die Kleidung darf nur ihrem Zweck entsprechend in der Wildkammer genutzt werden. Für einen Toilettengang sind Schürze und Mantel abzulegen.
3. Regelmäßiges Wechseln/Reinigen: Arbeitskleidung sollte regelmäßig, spätestens nach Verschmutzung gewechselt und gereinigt werden.
4. Getrennte Lagerung: Verschmutzte Kleidung ist von sauberer getrennt aufzubewahren. Arbeitskleidung sollte zudem nicht zusammen mit (verschmutzter) Privatkleidung gelagert werden.

Handhygiene: Vor dem Arbeitsbeginn, nach dem Toilettengang, nach Pausen, nach Abschluss einzelner Arbeitsprozesse, nach dem Niesen oder Naseputzen etc. sind die Hände zu waschen und eventuell zu desinfizieren.

BETRIEBSHYGIENE

Die Betriebshygiene bezieht sich auf die Schaffung und den Erhalt eines guten Hygienestandards in geeigneten Räumlichkeiten mit entsprechenden Einrichtungen und Gerätschaften.

Beim Umgang mit Lebensmitteln - hier Fleisch - sollte auf die korrekte Arbeitsbekleidung geachtet werden.

Aufteilung der Arbeitsprozesse: Um (Kreuz-)Kontaminationen zu verhindern, sind Arbeitsprozesse in hygienisch unreine Arbeitsschritte (Ausweiden, Enthäuten) und hygienisch reine Arbeitsschritte (Zerlegung, Produktion) einzuteilen. Diese müssen räumlich oder zeitlich voneinander getrennt sein. In der Jagdpraxis heißt das, dass Wild in der Decke nicht zeitgleich mit gehäutetem Wild in der Wildkammer behandelt werden darf. Eine Reinigung zwischen den Arbeitsschritten ist hierbei selbstverständlich. Es empfiehlt sich darüber hinaus auch, beim Wechsel zwischen verschiedenen Wildarten eine Zwischenreinigung durchzuführen.

Getrennte Kühlung: Wie bei den Arbeitsschritten muss auch bei der Kühlung auf eine Trennung geachtet werden. Wild in der Decke darf nicht mit gehäutetem Wild zusammen gelagert werden, da dieses sonst verschmutzt und kontaminiert werden könnte.

Zutritt verhindern: Unbefugte Personen sollten keinen Zutritt in die Wildkammer haben. Dies gilt auch für Jagdkollegen in unreiner Kleidung und selbstverständlich auch für die vierbeinigen Jagdbegleiter.

Hygieneschleuse: Für das Umziehen und das Reinigen der Arbeitskleidung sollten entsprechende Vorrichtungen zur Verfügung stehen. Auch wenn dies in der Wildkammer schwierig umzusetzen ist, sollte dennoch darauf geachtet werden, dass der Eintrag durch schmutzige Kleidung und Schuhe auf ein Minimum reduziert wird. Zu empfehlen ist eine Desinfektionsmatte für Schuhe, falls die Kammer z. B. zum Ausladen von Wild etc. verlassen werden muss. Zwischen den Arbeitsschritten muss eine Möglichkeit der Reinigung der Arbeitskleidung und Schuhe zur Verfügung stehen.

Sauberer Außenbereich: Der Weg zur Wildkammer ist idealerweise befestigt und wird ebenfalls sauber gehalten.

Unbefugte dürfen die Produktionsräume nicht betreten.

PRODUKT- UND PROZESSHYGIENE

Es sollten stets Arbeitsverfahren ausgewählt werden, die ein hygienisches Herstellen, Behandeln und Inverkehrbringen der Lebensmittel gewährleisten.

Wareneingang: Sowohl gelieferte Lebensmittel als auch Bedarfsgegenstände wie Verpackungen müssen sorgfältig geprüft werden. Dies ist besonders wichtig, wenn Wild zugekauft wird. Dazu gehört neben der Kontrolle der gelieferten Waren auch die Prüfung des Fahrzeugs bzw. der Tarnsportbedingungen, des Fahrers und der Einhaltung der Personalhygiene sowie der Lieferpapiere.

Produktion: Produktionsbereiche dürfen nicht in Straßen- bzw. Jagdkleidung betreten werden. Insbesondere verschmutzte Schuhe sind hier zu vermeiden. Für kurze Aufenthalte sind Überschuhe zu verwenden. Lebensmittel dürfen Boden und Wände nicht berühren, auch Kisten und Wannen dürfen keinen direkten Bodenkontakt haben.

Hier empfiehlt sich die Nutzung einer andersfarbigen Kiste als reine „Bodenkiste", auf der andere Kisten gestapelt werden können. Kisten, die auf dem Boden standen, dürfen keinesfalls auf saubere Behältnisse gestapelt oder auf die Produktionstische gestellt werden. Rauchen und Essen ist in Räu-

men, in denen mit offenen Lebensmitteln umgegangen wird, ebenfalls untersagt. Dort dürfen sich zudem keine Glasflaschen befinden. Verunreinigte Lebensmittel (z. B. nach Bodenkontakt) gelten als Abfall. Ausnahmen ergeben sich, wenn die kontaminierten Stellen großflächig entfernt werden können.
Abfall: Abfälle sind möglichst zu vermeiden und zu trennen. Sie sind schnell aus Lebensmittelräumen zu entfernen und müssen hygienisch einwandfrei gelagert werden. Dies bedeutet, dass Abfallbehältnisse ebenfalls leicht zu reinigen und ggf. zu desinfizieren sein müssen sowie falls nötig verschließbar sind. Außerdem dürfen Abfälle nicht zusammen mit Lebensmitteln gelagert oder transportiert werden.
Temperaturen: Da Fleisch und Erzeugnisse daraus i. d. R. leicht verderblich sind, müssen diese entsprechend gekühlt werden. Die Kühlkette darf dabei nicht unterbrochen werden.
Wasser: Im Betrieb verwendetes Wasser muss Trinkwasserqualität haben. Das heißt es muss genusstauglich, frei von Krankheitserregern und rein sein. Die Installationen müssen allgemein anerkannten Regeln der Technik entsprechen und Wasserschläuche für den Einsatz in Lebensmittelbereichen geeignet sein. Wasser aus selten benutzen Entnahmestellen muss vor der Entnahme erst mal etwas ablaufen, da es nicht unbegrenzt haltbar ist.

Zahlreiche Dinge müssen dokumentiert und im Fall der Fälle der zuständigen Behörde vorgelegt werden.

DOKUMENTATION

Der Gesetzgeber verlangt vom Lebensmittelunternehmer, die Maßnahmen zur Umsetzung der Lebensmittelhygiene zu dokumentieren. Art und Umfang hängen dabei von der Größe des Betriebs ab. Eine umfangreiche Beschreibung inkl. passender Vordrucke und Checklisten findet sich zum Beispiel auf der Internetseite der Bayerischen Landesanstalt für Landwirtschaft. Für alle Jäger besonders wichtig ist die Dokumentation der Kühlung. Dies kann entweder über einen Datenlogger erfolgen oder über eine regelmäßige händische Messung der Kühltemperaturen. In jedem Fall sinnvoll und ggf. erforderlich ist die Dokumentation von:

1. Kühltemperaturen und Lagerdauer
2. Warenein- und -ausgang
3. Reinigung
4. Mikrobiologische Untersuchungen und Kontrollen
5. Schädlingskontrolle
6. Kontrolle der Erhitzungstemperaturen
7. Kontrolle der Konservenherstellung

Mit Ausnahme der Primärproduktion – in unserem Fall Wild in der Decke – sind Lebensmittelunternehmer zudem dazu verpflichtet, Eigenkontrollen nach den Grundsätzen des HACCP-Konzepts einzurichten, durchzuführen, aufrechtzuerhalten und zu dokumentieren. Die Anforderungen sind so flexibel formuliert, dass sie sich orientiert am Umfang der Tätigkeiten unterschiedlich auslegen lassen. HACCP bedeutet „Hazard Analysis and Critical Points“, auf Deutsch „Gefahrenanalyse und Lenkung kritischer Kontroll- bzw. Lenkpunkte“. Ziel ist die Gewährleistung der Lebensmittelsicherheit durch vorbeugende Maßnahmen.

HACCP
Das HACCP Konzept wurde 1958 ursprünglich für die Raumfahrt entwickelt. Astronautennahrung sollte so hergestellt werden, dass sie hundertprozentig sicher ist. Die Lösung war ein Präventivkonzept, das jegliche Gefahr im Vorhinein analysiert und entsprechende Gegenmaßnahmen entwickelt.

GEHE SIE IM KOPF FOLGENDES DURCH:
Welche Gefahren bestehen?
→ z. B. verkeimte Wurst
Wie kann ich diese eindämmen?
→ ausreichend erhitzen
Wie kann ich kontrollieren (und ggf. nachweisen), dass dies erfolgt ist?
→ Erhitzung protokollieren

Was kompliziert klingt, ist eigentlich recht simpel: Es geht darum, die „Knackpunkte" hinsichtlich der gesundheitlichen Unbedenklichkeit zu identifizieren und zu kontrollieren. Dementsprechend sollen ggf. Maßnahmen ergriffen und zum Nachweis alles dokumentiert werden.
Da ein HACCP Konzept, wie es für zugelassene Betriebe gefordert wird, bei der Verarbeitung und Vermarktung „kleiner Mengen" Wild nicht in vollem Umfang nötig ist, wird diese umfangreiche Thematik hier nicht weiter behandelt.

ANFORDERUNGEN AN EINE WILDKAMMER

Die VO (EG) 852/2004 „Lebensmittelhygiene"/„LMHV" und „Tier-LMHV" beschreiben die Anforderungen an Räumlichkeiten, in denen (tierische) Lebensmittel behandelt werden. Welche baulichen Maßnahmen notwendig sind und welche Einrichtung benötigt wird, um diesen Anforderungen gerecht zu werden, hängt vom Umfang der darin stattfindenden Tätigkeiten ab.
In den Beschreibungen finden sich daher des Öfteren Wörter wie „angemessen", „erforderlichenfalls" oder „entsprechend". Die Umsetzung ist daher teils Auslegungssache. Abhängig von Menge und Art des Wildes und davon, ob ausschließlich Wild gesammelt wird („Primärproduktion"), Wild auch aus der Decke geschlagen und grob zerwirkt wird („Abgabe kleiner Mengen Wildfleisch") oder sogar veredelt wird („Einzelhandelstätigkeit"), gelten unterschiedliche Anforderungen. Wird der zuvor beschriebene Ausnahmebereich verlassen, greift das EU-Hygienerecht und die Wildkammer muss gemäß den Kriterien für eine Zulassung zur „Wildbearbeitung" gebaut und eingerichtet sein. Außerdem ist zu beachten, dass gewerblich genutzte Räumlichkeiten über das Lebensmittelhygienerecht hinaus weitere Anforderungen – wie z. B. zur Arbeitssicherheit – erfüllen müssen. Grundsätzlich gilt: Alles muss sauber bzw. „in einwandfreiem Zustand" sein und eine Ver-

ZU BEACHTENDE RECHTSTEXTE
852 Kap. 1 *„Allgemeine Vorschriften für Betriebsstätten, in denen mit Lebensmitteln umgegangen wird"*
LMHV §5 Anlage 1 *„Anforderungen an die Fachkenntnisse in der Lebensmittelhygiene"* & Anlage 2 *„Anforderungen an die Abgabe kleiner Mengen Primärerzeugnisse"*
Tier-LMHV §§3 & 4 mit Anlage 4 *„Anforderungen an die Abgabe kleiner Mengen von erlegtem Wild oder Fleisch von erlegtem Wild"* und §7 mit Anlage 5 *„Anforderung an die Herstellung oder Behandlung von Lebensmitteln tierischen Ursprunges im Einzelhandel"*

Böden und Wände müssen leicht zu reinigen sein.

unreinigung der Lebensmittel durch z. B. Schmutz, Gifte oder Schädlinge verhindert werden.

BAULICHE ANFORDERUNGEN

Wände und Decken sollen glatt, abwaschbar, abriebfest und wasserabweisend sein, damit sie leicht zu reinigen und ggf. zu desinfizieren sind. Man kann z. B. den Arbeitsbereich fliesen und die restlichen Flächen mit (ungiftiger) wasserfester Farbe streichen. Helle Farben sorgen hierbei nicht nur für einen helleren Raum, sondern erleichtern auch die Reinigungskontrolle. Sollte keine glatte Decke vorhanden sein, muss vermieden werden, dass sich von den Dachinnenseiten bzw. -strukturen Materialteile lösen. Auch Schmutzansammlungen, Kondensation und Schimmelbefall müssen auf ein Mindestmaß reduziert werden. Hier empfiehlt sich eine entsprechende Verkleidung oder Abdeckung. Böden sollten glatt, aber rutschfest (Unfallgefahr) und wasserabweisend sein. Auch hier geht es um eine einfache Reinigung. Idealerweise verläuft der Boden zudem leicht abschüssig in Richtung Abfluss, welcher an ein Abflusssystem angeschlossen ist. Ist dies nicht der Fall, muss das Wasser auf andere Weise aufgenommen werden können. Hier könnte alternativ mit einem Bodenabzieher gearbeitet werden. Fenster und Türen müssen leicht zu reinigen sowie zu desinfizieren sein und sollten daher glatte, wasserabweisende Oberflächen haben. Jegliche Öffnungen im Raum, die ein Eindringen von Insekten ermöglichen, müs-

BEISPIEL: FORMULIERUNG UND AUSLEGUNG

In der 852 wird zu Böden geschrieben: „Gegebenenfalls müssen die Böden ein angemessenes Abflusssystem aufweisen". Wer alle paar Wochen ein Stück Rehwild aufbricht und zerwirkt, kann sicher glaubhaft darstellen, dass er den Boden ausreichend sauber halten kann, selbst wenn kein Abfluss vorhanden ist. Gleiches dürfte sich für einen Forstbetrieb, der einen Durchsatz von regelmäßig mehreren Stück Wild auf einmal hat, deutlich schwieriger gestalten. Letztlich entscheidet hier die zuständige Behörde.

sen mit einem Insektengitter versehen werden. Da Ansammlungen von Schmutz generell zu vermeiden sind, müssen diese leicht entfernbar sein, um sowohl die Fenster(rahmen) als auch das Gitter von anhaftendem Schmutz zu befreien. Zu bedenken ist hierbei, dass ein Arbeiten mit geöffneten Fenstern auch trotz Insektengittern nachteilig für das Fleisch sein kann. Sollten draußen zur gleichen Zeit z. B. Maschinen bzw. Motoren laufen oder Reinigungsarbeiten stattfinden – so dass Staub, Gase o. ä. in die Kammer und an die Lebensmittel gelangen können –, sind die Fenster geschlossen zu halten. Sollten Sie die Wildkammer gewerblich nutzen wollen, müssen Sie z. B. beim Umbau eines alten Stalls o. ä. zuvor mit dem Bauordnungsamt über die Nutzungsmöglichkeiten des Gebäudes sprechen!

EINRICHTUNG

Beleuchtung: Da das Wild auf bedenkliche Merkmale untersucht und das Fleisch im weiteren Verlauf immer wieder begutachtet werden muss, muss der Arbeitsbereich ausreichend beleuchtet sein. Wichtig ist, dass eine Gefährdung durch Glassplitter vermieden wird. Die Lampen sollten daher mit entsprechenden Abdeckungen versehen werden. Sowohl für die Hände als auch zur Reinigung der Werkzeuge und Gerätschaften muss eine entsprechende Waschmöglichkeit vorhanden sein. Hierzu gehören neben einem Waschbecken – idealerweise mit zwei Becken, je eins für jeden Reinigungsbereich – mit fließendem Warm- sowie Kaltwasser, auch ein Seifenspender und Handtücher. Um ein hygienisches Trocknen gewährleisten zu können, sollten hier entweder Papierhandtücher verwendet werden oder Stoffhandtücher, die in hoher Frequenz gewechselt werden. Empfohlen sind berührungslose Armaturen, die z. B. mit dem Knie bedient werden können, um eine Rekontamination zu vermeiden. Werden regelmäßig größere Mengen Wild zerlegt, sind diese sogar vorgeschrieben. In diesem Fall ist auch ein sog. Sterilisationsbecken vorgeschrieben. Hierin müssen Messer und Werkzeuge bei mind. 82 °C desinfiziert werden können. Bei kleineren Mengen kann i. d. R. auch alternativ nach verrichteter Arbeit die private Spülmaschine genutzt werden. Zur Reinigung des Raums ist zudem ein Wasserhahn mit Schlauch von Vorteil. Das Zerlegen muss zeitlich oder räumlich getrennt vom Aus-der-Decke-Schlagen erfolgen. Der Arbeitsbereich muss dafür ebenfalls leicht zu reinigen sein. Daher empfiehlt sich hier z. B. ein Edelstahltisch mit Kunststoffbrettern. Rohrbahnen, Haken, Aufzüge und weitere Vorrichtungen zur Bewegung und Lagerung von Wild(körpern) müssen

Fenster und Türen zur Wildkammer müssen mit Insektengittern versehen sein.

Im Idealfall hat das Waschbecken in der Wildkammer zwei Becken. So sind Warm- und Kaltwasser getrennt.

ebenfalls leicht zu reinigen sein. Um Rohrbahnhaken einfacher sauber zu halten, kann bei leichteren Stücken mit einer Doppelhakenmethode gearbeitet werden. Einfache S-Haken werden in den Gelenken befestigt und dann in die Rohrbahnhaken gehangen. So bleiben diese sauber und die S-Haken können im Anschluss leicht gespült werden.

AUSSTATTUNG

Um ein sauberes Arbeiten und insbesondere die Verhinderung einer Übertragung von Keimen oder Verunreinigungen auf „sauberes" Fleisch zu gewährleisten, müssen Messer und andere Arbeitsgeräte regelmäßig gewechselt und gereinigt werden. Hier bietet es sich zum Beispiel an, mit verschiedenen Farben zu arbeiten. Im „schwarzen Bereich", also den unreinen Arbeitsschritten wie dem Aufbrechen und Häuten, sollten grundsätzlich andere Messer (z. B. mit rotem Griff) verwendet werden als im „weißen Bereich". Auch für verschiedene Tierarten ist die Verwendung von unterschiedlichen Messersets zu empfehlen, insbesondere wenn z. B. von Wildgeflügel auf Hochwild gewechselt wird.
Grundsätzlich sollte bei der Arbeit mit Lebensmitteln auf saubere Kleidung und gute persönliche Hygiene geachtet werden. Mit einer wasserabweisenden Schürze wird dabei nicht nur das Lebensmittel vor möglichen Verunreinigungen durch die Kleidung geschützt, sondern auch die Kleidung selbst. Idealerweise wird auch hier mit zwei unterschiedlichen Schürzen für die unreinen und reinen Arbeiten gearbeitet. Zum Schutz vor Infektionen und Keimübertragungen kann mit Einweghandschuhen gearbeitet werden. Hierbei ist zu beachten, dass das Material der Handschuhe zum Verwendungszweck passt. Es dürfen z. B. keine Weichmacher in das Lebensmittel gelangen und die Handschuhe sollten komfortabel sowie reißfest sein.
Zur Überprüfung der Raum- und Fleischtemperaturen müssen entsprechende Thermometer vorhanden sein. Für die Zwischenlagerung wie auch zur endgültigen Verpackung der Lebensmittel müssen geeignete Behältnisse und Verpackungen zur Verfügung stehen. Diese müssen das Lebensmittel schützen und dürfen auch selbst keine Schadstoffe übertragen. Fleischer arbeiten hierfür mit roten Kisten, und bei unverpacktem Fleisch, dazu passenden Einlegern. Damit kann das Fleisch abgedeckt werden und trocknet so während der Zwi-

Verwechslung ausgeschlossen! Messer mit unterschiedlich farbigen Griffen können beispielsweise in den unterschiedlichen Arbeitsbereichen genutzt werden.

Multitools sind zwar weit verbreitet, für die Verarbeitung von Fleisch sind sind sie jedoch aus hygienischer Sicht ungeeignet.

schenlagerung nicht an oder aus. Arbeitsgeräte müssen sauber aufbewahrt und vor Kontaminationen geschützt werden. Messer, Sägen etc. können z. B. sauber und trocken an einer erhöht angebrachten Magnetleiste aufgehangen werden. Zur Zwischenlagerung von Aufbrüchen, Häuten, zu entsorgendem Fleisch und anderen ähnlichen Abfällen sind entsprechende Behältnisse zu verwenden. Diese müssen gut verschließbar sein. Geeignet sind beispielsweise Plastiktonnen mit Deckeln oder für kleinere Mengen auch Müllbeutel.

KÜHLUNG & LAGERUNG

Kühl- und Lagermöglichkeiten müssen zu den anfallenden Mengen Wild passen. Das bedeutet, dass die Kühlkammer nicht überfüllt werden darf, da sie sonst nicht ihren Zweck erfüllen und das Wild in angemessener Zeit auf die angestrebte Temperatur runterkühlen kann. Um die Bildung von Kondenswasser zu verhindern, muss eine angemessene Belüftung gewährleistet werden. Auf dem Markt angebotene Wildkühlschränke und -kammern sind i. d. R. entsprechend ausgestattet. Die Umfunktionierung eines normalen Haushaltskühlschranks zum Wildkühlschrank ist aufgrund des Fehlens dieser Ausstattung daher nicht zu empfehlen. Auch beim Zerlegen, Veredeln und Umhüllen dürfen die vorge-

MULTITOOLS

Auch wenn Multifunktions-Taschenmesser mit verschiedenen ausklappbaren Sägen, Messern und Werkzeugen sehr praktisch erscheinen mögen, ist deren Verwendung aus hygienischer Sicht teils problematisch. Die kleinen Ritzen sind schwierig zu reinigen und solche Tools – zumindest in der Wildkammer – daher nicht zu empfehlen.

HANDSCHUHE ERSETZEN KEINE HYGIENE

Mittlerweile gibt es zahlreiche Untersuchungen, welche zeigen, dass die Verwendung von Einweghandschuhen nur unter der Einhaltung strenger Regeln einen hygienischen Vorteil bieten. Verwender wiegen sich schnell in falscher Sicherheit und nutzen die Handschuhe zu lange bzw. wechseln diese zu selten. Grundsätzlich bietet ein korrektes, regelmäßiges Händewaschen und Desinfizieren mindestens den gleichen Schutz. Aber: Wer Wild aufbricht, sollte trotzdem stets Handschuhe tragen! Vor allem vor der abgeschlossenen Untersuchung des Tiers und der Organe besteht ein Risiko, sich mit einer übertragbaren Krankheit anzustecken.

Die vorgeschriebenen Temperaturgrenzen bei der Lagerung von Fleisch müssen eingehalten und regelmäßig überprüft werden.

schriebenen Temperaturen nicht überschritten werden. Hierzu muss entweder der Arbeitsbereich gekühlt oder das Fleisch zuvor so stark heruntergekühlt werden, so dass es sich bei der Weiterverarbeitung im ungekühlten Arbeitsbereich nicht stärker als vorgeschrieben erwärmen kann. Zur beschleunigten Abkühlung und Abtrocknung bietet sich die Verwendung von Spreizern an. Damit kann die Körperhöhle offengehalten werden.

REGELN ZUR KÜHLUNG

1. Großwild: max. 7°C
2. Kleinwild: max. 4°C
3. Innereien: max. 3°C
4. Trennung von gehäutetem Wild und Wild in der Decke
5. Trennung von verpacktem und unverpacktem Fleisch
6. warmes Wild erst ausdampfen bzw. abkühlen und antrocknen lassen (Vermeidung von Kondenswasser)

Damit Kühlgeräte ihre volle Leistung erbringen können, muss die Vereisung der Geräte verhindert werden. Bei Bedarf sollten die Geräte daher enteist werden. Zur Dokumentation der Kühlung müssen entsprechende Thermometer, idealerweise Datenlogger zur Temperaturaufzeichnung vorhanden sein. Um die Trennung des Fleischs in den verschiedenen Verarbeitungsstufen gewährleisten zu können, bietet es sich an, mit mehreren Kühlmöglichkeiten zu arbeiten. So kann ungehäutetes Wild in einer Kammer abhängen und zerlegtes, abgepacktes Fleisch in einem separaten Kühlschrank gelagert werden. Eine einfache Möglichkeit, eine rechtskonforme Wildkammer aufzustellen, ist der Kauf eines entsprechenden Containers. Wird hier vorab mit dem zuständigen Amt gesprochen, kann der Container genau nach den gewünschten Vorgaben konzipiert werden. Wer keine Möglichkeiten hat, sich eine komplette Wildkammer zum Zerlegen einzurichten, aber dennoch gerne ein paar Stücke Wild im Jahr verkaufen möchte, der kann bei seinem Veterinäramt anfragen, ob die heimische Küche als „geeigneter Platz" für die Zerlegung genutzt werden kann. Hat man im Revier z. B. einen Wildkühlschrank und eine Möglichkeit, das Wild rechtskonform zu häuten (und ggf. grob zu zerlegen) und zu transportieren, könnte das Zerlegen und Verpacken in der Küche – sofern diese die Anforderungen erfüllt – erfolgen. Wichtig ist selbstverständlich auch hier, dass die Kühlkette eingehalten wird. Das Wild muss also entweder auch beim Transport gekühlt oder zuvor so stark heruntergekühlt werden, dass es sich während des Transports nicht über die geforderte Höchsttemperatur erwärmt.

ENTSORGUNG

Das Tierische Nebenprodukte-(TNP-) Recht regelt die Entsorgung von bei der Lebensmittelgewinnung anfallenden Resten. Grundsatz ist, dass sichergestellt wird, dass bei der Entsorgung weder Tier, Mensch noch Umwelt gefährdet werden. Wie auch bei der Vermarktung genießt der (nicht gewerblich Wildabgebende) Jäger eine Sonderstellung. Im Folgenden wird daher unterschieden zwischen privatem Bereich (Privathaushalt und regionale Abgabe kleiner Mengen im Rahmen der Ausnahmeregelung) sowie gewerblichem Bereich. Ausschlaggebend dafür, welche Art der Entsorgung zu wählen ist, ist außerdem, ob das Wildtier an einer auf den Menschen übertragbaren Krankheit leidet bzw. litt.

TNP-RECHTSKONFORME ENTSORGUNG

Außerhalb der Ausnahmeregelung für Jäger greift das TNP-Recht vollumfänglich. In diesem Fall ist eine entsprechende Entsorgung vorgeschrieben. Dies bedeutet, dass Abfälle in speziellen Behältnissen gesammelt und von für die Entsorgung zugelassenen Unternehmen entsorgt werden müssen.

Besteht der Verdacht auf eine auf den Menschen übertragbare Krankheit bei einem verendeten Wildtier, handelt es sich um Material mit hohem Risiko.

Bei tierischen Nebenprodukten wird je nach Risiko in folgende Kategorien (mit für uns relevanten Beispielen) entschieden.

Kategorie 1, Material mit hohem Risiko
Wildtiere, wenn der Verdacht besteht, dass sie mit einer auf Mensch oder Tier übertragbaren Krankheit infiziert sind

Kategorie 2, Material mit mittlerem Risiko
— Tiere, die auf anderem Wege zu Tode kamen als durch Schlachtung oder Tötung zum menschlichen Verzehr, einschließlich Tieren, die zum Zweck der Seuchenbekämpfung getötet werden
— tierische Nebenprodukte, die Rückstände von zugelassenen Stoffen oder Kontaminanten aufweisen, die über den Grenzwerten liegen
— Erzeugnisse mit Fremdkörpern
— andere tierische Nebenprodukte als Material der Kategorie 1 oder der Kategorie 3

Kategorie 3, Material mit geringem Risiko
— Schlachtkörperteile und Teile von genusstauglichen Tieren, wenn sie aus wirtschaftlichen Gründen nicht zum menschlichen Verzehr verwendet werden, sowie nach den Gemeinschaftsvorschriften als untauglich zurückgewiesen wurden, jedoch keine Anzeichen von auf Mensch oder Tier übertragbare Krankheiten aufwiesen. Dazu gehören beispielsweise Geflügelköpfe, Häute und Felle, Hörner und Füße, Schweineborsten, Federn und Blut.
— ehemalige tierische Lebensmittel
— tierische Nebenprodukte, die bei der Gewinnung von für den menschlichen Verzehr bestimmten Erzeugnissen anfallen und Küchen- sowie Speiseabfälle, mit Ausnahme derer von international eingesetzten Verkehrsmitteln

Wichtig: Die Grundlage für eine gesicherte Verarbeitung und unschädliche Beseitigung

Küchen- sowie Speiseabfälle – darunter auch Fleisch – ist Material mit einem geringen Risiko.

ist eine strikte Trennung der drei Kategorien vom Anfall bis zur Beseitigung. Sollte eine Vermischung verschiedener Kategorien stattfinden, wird das Gemisch der Kategorie mit dem höheren Risiko zugeordnet. Aufgefundene wie auch erlegte Wildtiere und Teile davon, die nicht an einer auf Mensch oder Tier übertragbaren Krankheit litten, unterliegen nicht dem TNP-Recht. Sie dürfen in der Natur verbleiben. Sollte eine Entsorgung – z. B. wegen einer Störung der öffentlichen Sicherheit und Ordnung – dennoch erforderlich sein, hat diese nach abfallrechtlichen Bestimmungen zu erfolgen. Litt das Tier an einer auf Mensch oder Tier übertragbaren Krankheit, unterliegt es hingegen dem TNP-Recht. Es muss entsprechend in speziellen Behältnissen gesammelt und entsorgt werden. Dies gilt auch für nicht dem Jagdrecht unterliegende Wildtiere. Bei einem derartigen Fall oder Verdacht ist zudem umgehend das Veterinäramt zu informieren. Für bei der Verwertung der aus der Natur entfernten Wildtiere anfallenden Reste wird zwischen privater und gewerbsmäßiger Verwendung unterschieden. Im privaten Bereich können nicht für den menschlichen Verzehr bestimmte Teile wie Zerwirkreste gemeinwohlverträglich im Revier entsorgt werden. Bei aus dem Revier entferntem Wild oder Teilen davon (z. B. in der heimischen Küche) unterliegt die Entsorgung abfallrechtlichen Bestimmungen. Dies wäre z. B. die Entsorgung über den Hausmüll. Bei der gewerblichen Verwertung müssen Reste TNP-rechtskonform entsorgt werden. Innereien, die beim Aufbrechen von gesundem Wild entnommen wurden, dürfen vor Ort liegen bleiben. Ein Vergraben ist nicht zwingend erforderlich, jedoch die „gemeinwohlverträgliche Entsorgung“ – was ein Vergraben i. d. R. empfehlenswert macht. Zudem dürfen die öffentliche Sicherheit und Ordnung, z. B. auf Straßen und Wegen, nicht gefährdet werden. Auch wenn Wild an der Wildkammer aufgebrochen wird, dürfen die Reste anschließend im Erlegungsrevier entsorgt werden. Revierübergreifende Jagden sind als Sonderfälle in diesem Zusammenhang zu betrachten. Innereien und andere nicht für den Verzehr geeignete Teile von Wildtieren, die nach dem Erlegen aus dem Revier der Erlegung entfernt werden, um z. B. an einem zentralen Ort aufgebrochen zu werden, dürfen nicht im Revier entsorgt werden. Sie müssen gesammelt werden und nach dem TNP-Recht entsorgt werden.
Im privaten Bereich dürfen Teile, die beim Zerwirken (im Revier) anfallen und nicht mehr für den menschlichen Verzehr bestimmt sind, im Erlegungsrevier bleiben. Bedingung ist, dass sie zwischenzeitlich nicht mit Tieren oder Tierteilen aus anderen Revieren in Berührung gekommen sind. Nicht mehr verwertbares (abgelaufenes) Fleisch, Zubereitungs- oder Speiseabfälle sind im Privathaushalt über den normalen Haushaltsabfall zu entsorgen. Gewerbetreibende wie Wildhändler oder die Gastronomie müssen solche Abfälle in speziellen Tonnen sammeln und nach TNP-Recht entsorgen bzw. entsorgen lassen. Eine Entsorgung im Revier ist nicht zulässig. In Gebieten mit Sonderregelungen, z. B. aufgrund der (Afrikanischen) Schweinepest, sind darüber hinaus selbstverständlich auf Meldungen und Anordnungen des zuständigen Veterinäramts zu achten. Sicherheitsrelevante Anforderungen an einen Arbeitsplatz müssen grundsätzlich nur bei gewerblichen Tätigkeiten erfüllt werden. Dennoch ist es auch für Jäger, die Wild nur in sehr kleinen Mengen zerlegen, ratsam, ein Mindestmaß an Anforderungen zu erfüllen. Weitere Informationen finden sich bei der zuständigen Berufsgenossenschaft. Hier finden Sie zahlreiche Vordrucke und Empfehlungen für einen sicheren Umgang mit gefährlichen Werkzeugen und Geräten.

VERMARKTUNG

DIE ABGABE VON WILDFLEISCH

Will man als Jäger Fleisch von Reh, Hirsch, Sau und Co. verkaufen, müssen einige Dinge beachtet werden.

Neben den bereits erwähnten Anforderungen existieren für den Bereich „Vermarktung" noch weitere. Hier spielt neben der Lebensmittelsicherheit vor allem der Schutz des Verbrauchers vor Täuschung eine große Rolle. Je nach Art und Umfang der Verarbeitungs- und Vermarktungstätigkeiten müssen diese vollständig oder in Teilen beachtet werden.

Der Vebraucher darf mit den Produkten nicht getäuscht werden.

Folgende Gesetze und Verordnungen sind hier zu beachten:

1. Verordnung (EU) Nr. 1169/2011 „Lebensmittelinformationsverordnung"
2. Preisangabenverordnung (PAngV)
3. Verordnung über tiefgefrorene Lebensmittel (TLMV)
4. Durchführungsverordnung (EU) 931/2011 „Rückverfolgbarkeit von Lebensmitteln"
5. Verpackungsgesetz
6. Leitsätze für Fleisch und Fleischerzeugnisse
7. Gewerbeordnung
8. Steuerrecht

PRODUKTBEZEICHNUNG

Oftmals werden Wildprodukte einfach nach ihrem Hauptbestandteil und ihrer optischen Erscheinung benannt. So wird aus einer gereiften und geräucherten Rohwurst mit Hirschfleisch schnell eine „Delikatess-Hirschsalami" und aus der Bratwurst mit Wildschwein eine „Wildschwein-Thüringer". Ganz so einfach ist es allerdings nicht. Die „Leitsätze für Fleisch und Fleischerzeugnisse" führen detailliert auf, welche Kriterien ein Produkt erfüllen muss. Hier finden sich die Mindestanforderungen an das Ausgangsmaterial, insbesondere an den

BEFFE-Anteil, die Herstellung, die Aufmachung und Bezeichnung sowie Hinweise zu geschützten Angaben.
Die Leitlinien sind zwar keine Rechtsvorschrift und somit nicht unmittelbar rechtsverbindlich, werden aber auch von Gerichten als Orientierungshilfe genutzt und sollten daher unbedingt beachtet werden. Für Wildverarbeiter ist hierbei besonders wichtig: Nur ein Produkt, dass zu 100 % aus Wildfleisch besteht, darf als „Wildprodukt“ bezeichnet werden. Nehmen wir das Eingangsbeispiel mit der Hirschsalami, so muss diese (neben den Qualitätsanforderungen) auch dieses Kriterium erfüllen und zu 100 % aus Hirschfleisch bestehen. Da dies nur sehr selten der Fall ist und i. d. R. zusätzlich mit Schweinespeck gearbeitet wird, wäre die korrekte Bezeichnung „Salami mit Hirschfleisch“. Wird Wildschweinspeck verwendet, wäre eine Namensgebung wie „Wildsalami“ denkbar. Die Leitsätze für Fleisch und Fleischerzeugnisse sind online abrufbar beim Bundesministerium für Ernährung und Landwirtschaft.

VERPACKUNG UND ETIKETTIERUNG

Eine saubere Verpackung erleichtert das Handling und erhöht die Haltbarkeit der Produkte. Sauerstoffausschluss hemmt die Vermehrung vieler Keime, insbesondere in Kombination mit einer entsprechenden Kühlung. Wichtig ist hierbei, dass nur geeignete Materialien, die für den Kontakt mit Lebensmitteln bestimmt sind, verwendet werden. Diese müssen auch bei besonderen Verwendungszwecken, wie z. B. einem Erhitzen in der Mikrowelle, entsprechend sicher sein und bleiben. Aus den aufgeführten Rechtstexten ergibt sich eine verpflichtende Beschriftung bzw. Etikettierung der abzugebenden Fleischteile.
Inhaltlich müssen folgende Angaben zu finden sein:

BEFFE – DER WERTBESTIMMENDE ANTEIL

Die Wertigkeit eines Wurstprodukts wird durch den Anteil an „bindegewebseiweißfreiem Fleischeiweiß“ (BEFFE) bestimmt. Schieres Muskelfleisch hat einen sehr niedrigen Anteil an Bindegewebe, Beinfleisch z. B. einen sehr hohen. Wird eine Wurst vor allem aus sehnigen Abschnitten gemacht, erfüllt diese unter Umständen nicht die Anforderungen für bestimmte Bezeichnungen. Ganz davon abgesehen, dass ein solches Produkt einen stark verminderten Genusswert haben kann.

1. Name und Anschrift des Lebensmittelunternehmers
2. Bezeichnung des Produkts (Wildart und Teilstück)
3. Angebotszustand und empfohlene Lagertemperatur
4. Mindesthaltbarkeitsdatum
5. vorgeschriebene Angabe: „mindestens haltbar bis (ausgeschrieben): (Tag/Monat/Jahr)“
6. Datum des Einfrierens bei tiefgefrorenem Wildfleisch
7. vorgeschriebene Angabe: „eingefroren am: (Tag/Monat/Jahr)“.
8. Auftauhinweis bei tiefgefrorenem Wildfleisch
9. Hinweis „nach dem Auftauen nicht wieder einfrieren“
10. Verbrauchsdatum bei sehr leicht verderblichen Lebensmitteln (Beispiel: Hackfleisch)
11. vorgeschriebene Angabe: „zu verbrauchen bis: (Tag/Monat)“
12. Nettofüllmenge
13. Los-/Partiekennzeichnung (bei taggenauem Mindesthaltbarkeitsdatum kann auf eine separate Loskennzeichnung verzichtet werden)
14. Gesamtpreis und Preis je Gewichtseinheit

Name und Adresse	
Max Mustermann Marktstraße 1 88212 Ravensburg	**Wildart** Reh tiefgefroren **Teilstück** Rücken **bei –18 °C mindestens haltbar bis** 01.12.2024 **tiefgefroren am** 01.12.2023 nach dem Auftauen nicht wieder einfrieren **Gewicht** 0,5 kg **Gesamtpreis** 20 € **Preis/kg** 40 €

Auf dem Etikett eines Lebensmittels sollten einige wichtige Angaben immer enthalten sein.

Alle Angaben müssen gut sichtbar sowie lesbar angebracht sein. Dafür ist eine Schriftgröße zu wählen, bei der das kleine x eine Mindesthöhe von 1,2 mm aufweist.

VERPACKUNGSGESETZ

Seit einigen Jahren müssen Unternehmen, die verpackte Ware in Umlauf bringen, für die Entsorgung der Verpackungsabfälle aufkommen. Dafür müssen sie sich registrieren, die entstandenen Mengen anmelden und über einen von mehreren Anbietern (duale Systeme) entsprechende Beteiligungsentgelte bezahlen. Der Jäger als Lebensmittelunternehmer hat allerdings auch hier i. d. R. einen Sonderstatus. Grundsätzlich müssen alle, die Produkte, welche in „systembeteiligungspflichtigen" Verpackungen verpackt sind, gewerbsmäßig an Endkunden oder vergleichbare Anfallstellen wie kleinere Betriebe verkaufen, das zuvor beschriebene Prozedere durchlaufen und entsprechend dafür zahlen. Da die meisten Jäger allerdings nicht gewerbsmäßig Wild verkaufen, fallen sie nicht unter die dazu verpflichteten Unternehmen. Ausschlaggebend ist hier die steuerliche Einordnung. Da die Jagd als „Liebhaberei" eingeordnet wird und der Verkauf des Wildfleisches nicht zur Gewinnerzielung, sondern lediglich zur Deckung eines kleinen Teils der anfallenden Kosten betrieben wird, handelt der Jäger nicht gewerbsmäßig. Anders sieht es natürlich aus, wenn es sich um einen Forstbetrieb o. ä. handelt. Hier wird gewerbsmäßig gehandelt, auch wenn der Wildverkauf dabei nur einen unbedeutenden Teil ausmacht.

Für Jäger gelten zahlreiche Ausnahmen – so auch hinsichtlich der Verpackung.

RÜCKVERFOLGBARKEIT

Zur Gewährleistung der Rückverfolgbarkeit muss ein Dokument mit folgenden Informationen erstellt werden:

1. Beschreibung des Lebensmittels (Wildart und wenn zerlegt, Name der Teilstücke)
2. Volumen bzw. die Menge des Lebensmittels (LM) (Gewicht oder bei Niederwild Stückzahl)
3. Name und Anschrift des Lebensmittelunternehmers, von dem das Lebensmittel versendet wird (Jagdpächter)

4. Name und Anschrift des Versenders (Eigentümer), falls es sich dabei nicht um den Lebensmittelunternehmer handelt, von dem das Lebensmittel versendet wurde (Jäger, der Wild von einem Jagdpächter zur weiteren Vermarktung übernommen hat)
5. Name und Anschrift des Unternehmers, an den das Lebensmittel versendet wird (z. B. Gaststätte, Metzgerei, Einzelhandel)
6. Name und Anschrift des Versenders (Eigentümer), falls es sich dabei nicht um den Lebensmittelunternehmer handelt, an den das Lebensmittel versendet wird (Zwischenhändler)
7. Bezugsnummer zur Identifizierung der Partie, der Charge bzw. der Sendung (z. B. fortlaufende Nummer auf Lieferschein, Rechnung, Datei oder Wildursprungsmarke bei Wildschwein)
8. Versanddatum (Datum der Rechnung oder Lieferschein)

STEUER- UND GEWERBERECHT, HANDWERKSORDNUNG

Der Gedanke, Wild „professionell" zu vermarkten und dafür alle Ausgaben, die für die Jagd anfallen, geltend zu machen bzw. die Vorsteuer zurückzuverlangen, ist sicherlich schon vielen gekommen. Dieser Zahn wird einem allerdings schnell gezogen – Jagd und alles, was dazu gehört, wird grundsätzlich als Liebhaberei gewertet. Einige Besonderheiten müssen dennoch berücksichtigt werden, da Lebensmittelrecht und Gewerberecht hier z. T. ineinandergreifen. Orientiert an der landwirtschaftlichem Direktvermarktung kann das Erlegen (und die Erstversorgung) von Wild ähnlich der Erzeugung landwirtschaftlicher Naturprodukte als sogenannte Urproduktion kategorisiert werden. In diesem Bereich dürfen Produkte für den Verkauf zugerichtet werden, müssen aber vor oder nach der ersten Bearbeitungsstufe an den Verbraucher

GEWERBE

Als Gewerbe bezeichnet man jede wirtschaftliche selbstständige Tätigkeit, die auf eigene Rechnung und Verantwortung auf eine gewisse Dauer mit Gewinnerzielungsabsicht betrieben wird. Es wird in einem Gewerbebetrieb durch einen Gewerbetreibenden ausgeübt.

abgegeben werden. Dies bedeutet bei Wild, dass es maximal grob zerlegt werden darf. In diesen Fällen besteht keine Anzeigepflicht. Theoretisch wäre – nach Gewerberecht – auch ein geringfügiger Zukauf (bis 10 % der eigenen Produktionsmenge) und somit die Mitvermarktung von fremdem Wild erlaubt, ohne dass eine Anzeigepflicht entsteht. Allerdings wird vom Jäger im Falle eines Zukaufs von fremdem Wild u. U. verlangt, dass sich dieser als Einzelhandelsbetrieb registriert – also quasi ein Wildfleischgeschäft eröffnet bzw. ein Unternehmen dafür gründet. Wenn dies nicht erklärtes Ziel ist, sollte der Jäger also ohne vorherige Rücksprache mit dem zuständigen Veterinär- und Gewerbeamt davon absehen, Wild Dritter mit zu vermarkten.
Wie zuvor aufgeführt, wird der Lebensmittelunternehmer nach Lebensmittelhygienerecht – je nach Art und Umfang des Wild-

Je nach Menge und Art der angebotenen Waren kann auch ein Jäger zur Anmeldung eines Gewerbes verpflichtet sein.

	Urproduktion	anzeigepflichtiges Gewerbe
Abgabe in der Decke	X	
Abgabe ohne Decke	X	
Abgabe grob zerwirkt	X	
Abgabe von zugekauftem Wild (max 10 %) ohne Decke/grob zerwirkt	X	
Abgabe von zugekauftem Wild > 10 %		X
Abgabe von fein zerlegtem Wild		X
Abgabe von veredelten Produkten		X

ÜBERSICHT: URPRODUKTION VS. ANZEIGEPFLICHTIGES GEWERBE

verkaufs (Veredelung, Zukauf etc.) – als „Einzelhandel" behandelt. Dies ist jedoch nicht automatisch gleichzusetzen mit einer gewerblichen Einzelhandelstätigkeit. Nach Gewerberecht muss eine solche Tätigkeit allerdings angemeldet werden, da man hier von einer Tätigkeit, die über die Urproduktion hinausgeht, ausgeht. Eine konkrete, allgemeingültige Antwort kann hier trotz Rückfrage bei diversen Behörden nicht gegeben werden. Da u. U. im Einzelfall unterschiedlich entschieden wird, muss der Jäger seinen individuellen Fall beim zuständigen Gewerbeamt vorstellen und einschätzen lassen. Weil das erlegte Wild – auch wenn es von einem fremden Schützen erlegt wurde – nach Jagdrecht dem Pächter gehört, kann sich hieraus ein Sonderfall ergeben. Muss der Schütze das Wild dem Jagdherrn erst abkaufen, um es dann selber vermarkten zu dürfen, kann sich theoretisch genau das zuvor beschriebene Problem ergeben. Andererseits ist der Jäger als Erleger ja der tatsächliche „Produzent" des Fleisches. Um hierauf eine belastbare Antwort zu bekommen, muss der entsprechende Ansprechpartner vor Ort (Gewerbeamt) befragt werden.

Verarbeitet man Wild beispielsweise zu Wurst weiter und verkauft diese, verlässt man den Bereich der Urproduktion.

Wird der Bereich der Urproduktion verlassen, also Wild küchenfertig feinzerlegt oder zu Wurstwaren veredelt und vermarktet, wird dies als gewerbliche Tätigkeit eingestuft. Es entsteht somit die Pflicht, ein Gewerbe bei der zuständigen Gemeinde anzuzeigen. Möchten Sie also veredelte Wildprodukte (ob selbst oder fremd hergestellt) oder zugekauftes Wild vermarkten, müssen Sie ein Gewerbe anmelden. Hierbei ist zu beachten, dass es zulassungspflichtige Handwerke gibt, für die bestimmte Anforderungen erfüllt werden müssen.

FLEISCHERMEISTER

Wer den Handwerksberuf des Fleischers ausüben möchte, unterliegt der sogenannten Meisterpflicht. Das bedeutet, dass die Ausübung an die Eintragung in die Handwerksrolle – wofür i. d. R. ein Meisterbrief notwendig ist – geknüpft ist. Entsprechen die Tätigkeiten des Jägers bzw. Wildverkäufers also dem Berufsbild des Fleischers, wird dies somit grundsätzlich auch von diesem verlangt. Anders sieht es aus, wenn man seine gewerbliche Tätigkeit ausschließlich auf den Handel von Wildfleisch(produkten) beschränkt. Da die Jagd i. d. R. als Liebhaberei gewertet wird, gilt dies auch für die Vermarktung kleiner Mengen Wildbret. Der Handel bleibt somit steuerfrei. Ändert sich durch Zukauf fremden Wildes o. ä. etwas am Umfang der Tätigkeiten und ergibt sich eine (realistische) Gewinnerzielungsabsicht, unterliegt der Jäger der umsatzsteuerlichen Unternehmereigenschaft. Hier sollte unbedingt Rücksprache mit dem Steuerberater gehalten werden.

Im Beruf des Fleischers gilt die sogenannte Meisterpflicht.

HAFTUNG

Der Jäger als Lebensmittelunternehmer haftet für Schäden, die aus der Benutzung seiner Produkte, also dem Verzehr seines Wildfleischs resultieren. An dieser Stelle sind daher folgende Empfehlungen zu geben:

1. Klären Sie mit ihrer Jagdhaftpflichtversicherung, inwieweit die Bereiche Wildverarbeitung und -vermarktung mit abgesichert sind.
2. Greift ihre Jagdhaftpflichtversicherung nicht oder nicht ausreichend bzw. wollen Sie Wild im größeren Maßstab anbieten, sollten Sie sich über weitere Versicherungen (Betriebshaftpflicht) beraten lassen.
3. Auch wenn vielen Genießern ihr Steak am besten mit rosa Kern schmeckt, sollten Sie bei Wildfleisch wegen der erhöhten Keimgefahr immer darauf hinweisen, dass Wild vor dem Verzehr durcherhitzt werden soll.
4. Je kleiner Fleisch zerteilt wird, umso größer wird die Fleischoberfläche und das Verderberisiko. Überlegen Sie sich daher gut, ob Sie Rohware stark zerkleinert (Hackfleisch, Geschnetzeltes etc.) anbieten wollen. Möglich wäre, Fleisch für Geschnetzeltes anzubieten, das der Kunde selbst zerkleinert. Alternativ denkbar wäre auch, Hackfleisch einzufrieren und gefroren zu verkaufen.
5. Weisen Sie beim Verkauf darauf hin, dass sich unter Umständen Geschossreste im Fleisch befinden können.

Je feiner Fleisch zerkleinert wird, desto höher ist das Verderberisiko.

AUF DER JAGD

FLEISCHGEWINNUNG

Der Schuss ist gefallen, doch nun geht die Arbeit erst richtig los. Um gutes Wildfleisch zu produzieren, sollten bei den nun anstehenden Arbeiten einige Dinge beachtet werden.

Um Wildkrankheiten, aber auch die Vorgänge im Fleisch und die Notwendigkeit der Hygieneanforderungen, insbesondere aber den Verderb von Fleisch zu verstehen, macht es Sinn, sich zuvor mit dem Thema Mikrobiologie – in diesem Falle Keimen, also gesundheitsschädigenden Mikroorganismen – zu beschäftigen. Mikroorganismen bzw. Keime kommen überall vor. Bakterien, Pilze und Viren sind in der Luft, im Boden, im Wasser sowie auf und in jedem Lebewesen zu finden. Viele sind nützlich und wichtig, sowohl gesundheitlich, z. B. bei der Verdauung, als auch bei der Produktion von Lebensmitteln, wie etwa Milchsäurebakterien oder Edelschimmelpilze bei der Rohwurstproduktion. Daneben gibt es viele ungefährliche Keime, aber auch gesundheitsgefährdende und sogar tödliche. Schädlich werden Mikroorganismen genannt, wenn sie den Genusswert oder die Verzehrfähigkeit eines Lebensmittels mindern, Giftstoffe bilden (Lebensmittelvergiftung) oder selbst bei der Aufnahme krank machen (Lebensmittelinfektion). Hygienemaßnahmen zielen daher darauf ab, die Übertragung und Vermeh-

Von Anfang an sollte bei der Wildbretgewinnung sauber gearbeitet werden.

rung von unerwünschten Mikroorganismen zu verhindern bzw. minimieren oder sie durch entsprechende Arbeitsschritte (Erhitzen, Säuern, etc.) zu hemmen und abzutöten. Um diese effektiv umsetzen zu können, muss man die Lebensweise der Keime kennen und berücksichtigen.

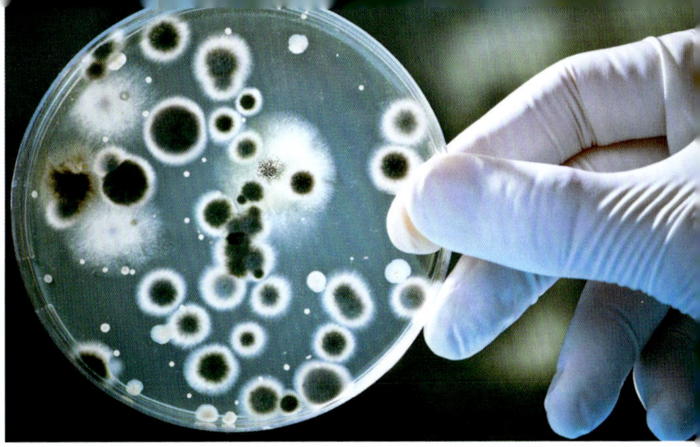

Bakterien kommen beinahe überall vor. In einigen Situationen können sie zum Verderb von Lebensmitteln führen.

ARTEN VON KEIMEN

BAKTERIEN

Bakterien sind einzellige Organismen und gehören zu den ältesten Lebensformen auf der Erde. Sie kommen beinahe überall vor und leben auf vielerlei Arten. So können einige z. B. auf Basis von Photosynthese leben, andere benötigen organische Substanz – wie z. B. Nahrungsmittel, die wir Menschen eigentlich verzehren wollen. Manche Bakterien benötigen dafür Sauerstoff (aerobe Bakterien), andere können oder müssen sogar in einem sauerstofffreien Milieu leben (anaerobe Bakterien). Diese Unterscheidung ist vor allem beim Haltbarmachen und Lagern von Wildfleisch wichtig. Während Vakuumieren oder Einmachen (Konserven) das Fleisch(produkt) zwar vor aeroben Bakterien schützen, ermöglicht es unter Umständen z. B. dem sehr gefährlichen *Clostridium botulinum*, sich zu vermehren. Dieses Bakterium produziert ein starkes Neurotoxin, das sogenannte Botulinumtoxin, das für den Menschen tödlich sein kann.
Oftmals vermehren sich Bakterien durch Zellteilung, weshalb sich Populationen unter guten Bedingungen sehr rasant vermehren können. Erheblichen Einfluss darauf hat die Temperatur. Es gibt Bakterien, deren Wachstum und Aktivität bei Temperaturen um den Gefrierpunkt am stärksten ist, bis hin zu solchen, bei denen dies bei über 100°C der Fall ist. Viele der für uns wichtigen Mikroorganismen haben ihr Optimum im mittleren Temperaturbereich, etwa bei Zimmer- und Körpertemperatur.

Botulismus kann über Wurstwaren auf den Menschen übertragen werden, welche aus kontaminiertem Fleisch hergestellt wurden.

BOTULINUM-BAKTERIUM

Das Botulinum-Bakterium verdankt seinen Namen dem lateinischen Wort „botulus", was Wurst bedeutet. Der deutsche Arzt und Wissenschaftler Julius Kerner erforschte im 19. Jahrhundert die Ursache für Lebensmittelvergiftungen, die durch den Verzehr von „vergifteten" Wurstwaren verursacht wurden. Dabei fand er heraus, dass der Verursacher das besagte Bakterium war und nannte es *Clostridium botulinum*. Später stellte man fest, dass dieses das hochgiftige Toxin Botulinum produziert, welches zu Muskellähmungen führen kann. Heute wird es in der Medizin – unter anderem für die Behandlung von Falten („Botox") – eingesetzt.

VIREN

Viren sind winzige Strukturen, die aus genetischem Material (DNA oder RNA) und Proteinen bestehen. Sie haben weder einen eigenen Stoffwechsel, noch vermehren sie sich eigenständig und benötigen dafür lebende Wirtszellen. Sie kommen in äußert vielfältiger Art vor und können eine breite Palette von Organismen infizieren – vom Bakterium bis hin zum Menschen. Viren verderben Fleisch daher nicht direkt, können aber darüber übertragen werden.

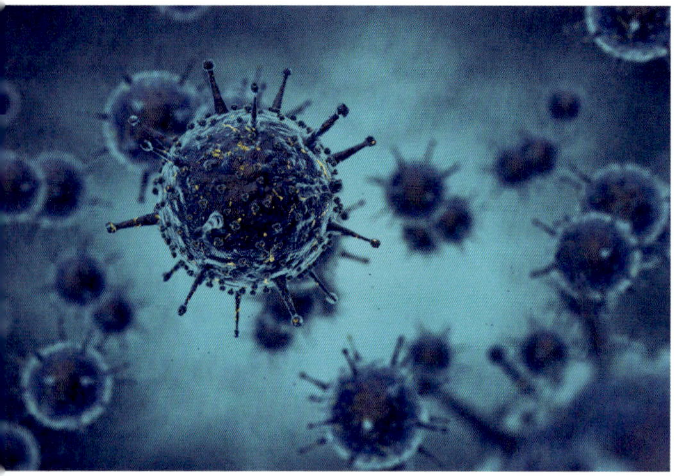

Viren führen nicht direkt zum Verderben von Fleisch.

Schimmelpilze können zum Verderb führen. Teils sind sie bei der Herstellung von Lebensmitteln aber auch gewollt.

Entweder durch unsauberes Arbeiten und damit einhergehendes Kontaminieren von zuvor virenfreiem Fleisch oder durch Fleisch von Tieren, die an einer Viruserkrankung litten. Kühlen kann zwar die Menge an Viren im Fleisch verringern, Virenfreiheit kann so aber nicht garantiert werden.

PILZE

Mit dem Begriff Pilze wird ein ganzes Reich an Lebewesen beschrieben, so wie mit den Begriffen Pflanzen und Tiere. Gemeint ist daher eine Vielzahl verschiedener Arten mit sehr unterschiedlichen Lebensweisen und Besonderheiten. Es handelt sich um Lebewesen, bei denen sowohl Eigenschaften von Pflanzen als auch von Tieren zu finden sind. Für uns besonders wichtige Untergruppen sind hierbei Schimmelpilze und Hefen. Schimmelpilze sind myzelbildende, also fadenförmige Pilze, deren Sporen(träger), z. T. zusammen mit dem Mycel vom Menschen mit den Augen als „Schimmel" wahrgenommen werden. Dieser „Belag" kommt in verschiedenen Farben vor. Für Mensch und Tier schädlich oder zumindest lästig sein können Zellbestandteile, Stoffwechselprodukte und Sporen. Unerwünschte Folgen können neben Geruchsbelästigungen allergische Reaktionen oder sogar Vergiftungen sein. Hefen sind einzellige Pilze, die sich durch Teilung oder Sprossung vermehren. Einige von ihnen gehören zum typischen Mikrobiom des Fleisches, können aber auch zu Verderbnis führen. Hefen werden auch als Starterkulturen zur Rohwurstherstellung bzw. -reifung eingesetzt.
Gut für uns ist, dass fast alle Schadorganismen ähnliche Wohlfühlbedingungen haben und wir diese daher mit ähnlichen Maßnahmen bekämpfen können. Mikroorganismen benötigen Nährstoffe. Fleisch als stark eiweißhaltiges Lebensmittel bietet hier eine ideale Nährstoffquelle. Neben Nährstoffen wird zusätzlich Wasser zwingend benötigt.

STARTERKULTUREN – GUTE „KEIME" FÜR DIE WURST
Bei der Herstellung von Rohwurst werden oftmals ganz bewusst Mikroorganismen zugefügt. Gearbeitet wird hier mit Kulturen, die bei der Säuerung bzw. Fermentation helfen, Aromen bilden und das Wachstum anderer, unerwünschter Mikroorganismen hemmen.

Fleisch als stark wasserhaltiges Lebensmittel bietet hier eine ideale Nährstoffquelle. Mikroorganismen leben und vermehren sich unterschiedlich gut bzw. stark, je nach pH-Wert. Bei einem niedrigen pH-Wert wird die Aktivität gehemmt oder sogar gestoppt. Fleisch durchläuft bei der Reifung verschiedene Phasen mit unterschiedlichen pH-Werten und bietet demnach unterschiedliche Ausgangsbedingungen. Je nach Temperatur vermehren sich Keime (je nach Art) unterschiedlich stark. I. d. R. wirkt Kälte verlangsamend und Wärme beschleunigend. Hitze hingegen tötet Mikroorganismen ab.

WEITERE VERDERBSARTEN

Neben dem Verderben durch Mikroorganismen gibt es noch weitere Faktoren bzw. Prozesse, die Fleisch genussuntauglich machen können.

SCHÄDLINGE/PARASITEN

Natürlich keine Mikroorganismen, aber dennoch Schädlinge und an dieser Stelle daher ebenfalls zu erwähnen sind auch noch Schadnager, Insekten und alle anderen Tiere, die Lebensmittel nachteilig beeinflussen. Auch wenn angefressenes oder mit Larven besiedeltes Fleisch nicht direkt gesundheitsschädlich ist, gilt dies als ekelerregend und das Lebensmittel somit ebenfalls als genussuntauglich. Zudem werden über solche Vorgänge oftmals Keime übertragen, die zu den zuvor beschriebenen Verderbnisprozessen führen können.

Fettverderb

Fett verdirbt mit der Zeit, insbesondere unter Einfluss von Licht und Wärme. Dies führt zu Textur- und Farbveränderungen, Ranzigkeit und im Verlauf zu gesundheitlichen Risiken.

Insbesondere Fliegen lieben rohes Fleisch. Die Insekten legen auf der Fleischoberfläche ihre Eier ab.

Licht und Wärme begünstigen den Fettverderb. Doch auch bei langer Lagerung in der Kühltruhe verdirbt Fett.

Enzymatischer Verderb

Fleisch zersetzt sich selbst. Der Übergang von Fleischreife zu Verderb ist fließend. Körpereigene Enzyme bauen Proteine ab, was in erster Instanz zur Zartmachung und Aromabildung des Fleisches beiträgt, mit zunehmender Intensität aber zu unangenehmen Geschmacks-, Geruchs- und Texturveränderungen führt.

WILDKRANKHEITEN

Durch das Leben in Freiheit ist Wild grundsätzlich robust und widerstandsfähig. Dennoch können sich Krankheiten – vor allem bei Arten, die in Gruppen zusammenleben – verbreiten. Einige Erkrankungen haben keine Auswirkung auf die Genusstauglichkeit des Wildfleischs, andere müssen sogar gemeldet werden, da sie eine Gefahr für die öffentliche Gesundheit darstellen. Tierseuchen sind von Erregern unmittelbar oder mittelbar verursachte Infektionen oder Krankheiten, die auf andere Tiere und z. T. auch auf den Menschen übertragen werden können. Da sie sowohl große gesundheitliche als auch wirtschaftliche Schäden anrichten können, gibt es im Umgang mit ihnen besondere Vorschriften. Hierbei wird zwischen Anzeige- und Meldepflicht unterschieden. Bei anzeigepflichtigen Seuchen ist bereits bei Verdacht auf das Vorliegen einer solchen Krankheit das Veterinäramt zu informieren. Meldepflichtige Krankheiten müssen hingegen erst nach einem konkreten Befund gemeldet werden. Eine meldepflichtige Tierkrankheit kann kurzfristig auch in den Status einer anzeigepflichtigen Tierseuche erhoben werden, sollte eine größere Ausbreitung drohen. Die aktuell anzeigepflichtigen und meldepflichtigen Tierseuchen werden in der „Verordnung über anzeigepflichtige Tierseuchen" bzw. der „Verordnung über meldepflichtige Tierkrankheiten" benannt.

Aktuell gilt Deutschland als frei von der terrestrischen Tollwut.

Die Afrikanische Schweinepest ist in Teilen Deutschlands aktuell ein Problem.

Beispiele von Wildkrankheiten:

Tollwut: Viruserkrankung, die das zentrale Nervensystem befällt und über den Speichel übertragen wird. Die Krankheit ist auch auf den Menschen übertragbar.

Afrikanische & Europäische Schweinepest: Hochansteckende Viruserkrankungen, die Haus- und Wildschweine betreffen. Die Übertragung erfolgt durch direkten Kontakt mit infizierten Tieren oder indirekt über kontaminierte Materialien.

Aujeszkysche Krankheit (Pseudowut): Virusinfektion, die vor allem (Wild-)Schweine betrifft, aber auch andere Säugetiere wie Hunde tödlich infizieren kann.

Geflügelpest kann unter Umständen auch auf den Mensch übertragen werden.

In Deutschland werden immer wieder Fälle von Tularämie festgestellt.

Geflügelpest (Aviäre Influenza): Hochansteckende Viruserkrankung, die vor allem Geflügel, aber auch Wildvögel infizieren kann. Einige Stämme können auch auf den Menschen übertragbar sein.

Blauzungenkrankheit: Viruserkrankung, die vor allem Wiederkäuer wie Schafe und Rinder betrifft, aber auch Wildwiederkäuer betreffen kann. Wird durch Stechmücken übertragen und kann zu Fieber, Schwellungen und inneren Blutungen führen.

Tularämie (Hasenpest): Bakterielle Erkrankung, die vor allem Wildtiere wie Hasen und Nagetiere betrifft. Kann auch auf den Menschen übertragen werden, typischerweise durch den Umgang mit infizierten Tieren oder deren Fleisch.

Geflügelpest (Newcastle Disease): Hochansteckende Viruserkrankung, die vor allem Geflügel, aber auch Wildvögel infizieren kann. Einige Stämme können auch auf den Menschen übertragbar sein.

Brucellose: Bakterielle Erkrankung, die vor allem Wiederkäuer wie Rinder, Schafe und Ziegen betrifft, aber auch andere Säugetiere infizieren kann. Kann auch auf den Menschen übertragen werden, typischerweise durch den direkten Kontakt mit infiziertem Tiergewebe oder -sekret.

Maul- und Klauenseuche: Hochansteckende Viruserkrankung, die vor allem Klauentiere wie Rinder, Schweine, Schafe und Ziegen betrifft. Die Krankheit verursacht Fieber, Bläschenbildung an den Klauen und im Maul sowie Lahmheit.

Milzbrand (Anthrax): Bakterielle Infektionskrankheit, die vor allem Wiederkäuer wie Rinder, Schafe und Ziegen betrifft, aber auch andere Säugetiere einschließlich des Menschen infizieren kann. Die Krankheit kann durch den Verzehr kontaminierter Lebensmittel, den Kontakt mit infiziertem Tiergewebe oder -sekret oder durch das Einatmen von Sporen verursacht werden. Ausbrüche stellen auch ein potenzielles Risiko für die öffentliche Gesundheit dar.

Tuberkulose: Bakterielle Infektionskrankheit, die sowohl Menschen als auch Tiere betrifft, darunter Rinder, Schafe, Ziegen und Wildtiere wie Wildschweine und Rotwild. Tuberkulose bei Tieren wird durch Mykobakterien verursacht und kann durch den Verzehr kontaminierter Lebensmittel

Maul- und Klauenseuche kann auch auf Wildtiere übertragen werden.

In Rotwildpopulationen in den Alpen ist Tuberkulose bis heute ein Problem.

oder den direkten Kontakt mit infizierten Tieren übertragen werden. Ausbrüche stellen auch ein potenzielles Risiko für die öffentliche Gesundheit dar.

Salmonellose: Bakterielle Infektionskrankheit, die durch verschiedene Stämme von Salmonella-Bakterien verursacht wird. Salmonellen können eine Vielzahl von Tieren infizieren, darunter Geflügel, Schweine, Rinder und auch Wildtiere. Die Infektion kann durch den Verzehr von kontaminierten Lebensmitteln tierischen Ursprungs, den direkten Kontakt mit infizierten Tieren oder deren Exkrementen sowie durch Umweltkontamination erfolgen. Ausbrüche können zu gesundheitlichen Problemen bei Tieren führen und auch ein Risiko für die öffentliche Gesundheit darstellen, insbesondere durch den Verzehr kontaminierter Lebensmittel.

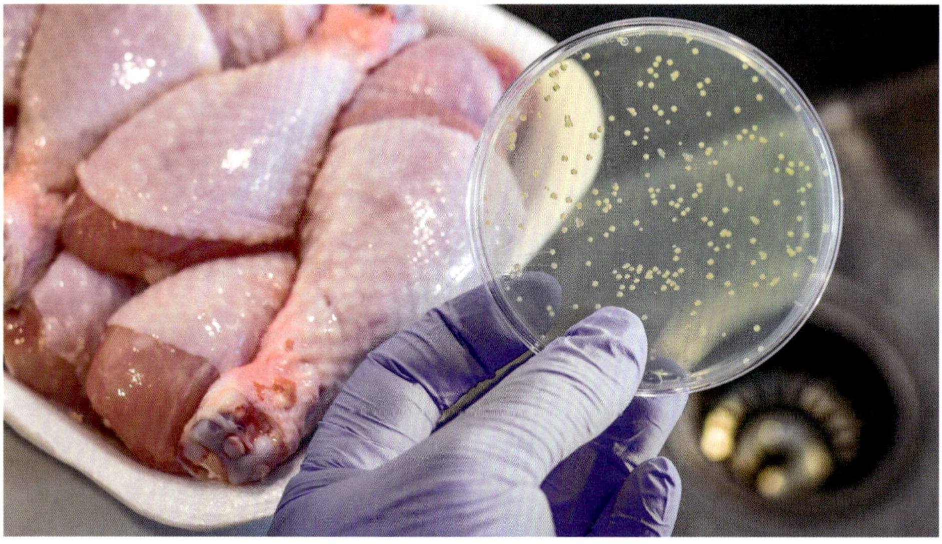

Salmonellose gehört zu den häufigsten bakteriellen Erkrankungen beim Menschen.

FLEISCHGEWINNUNG – DER WALD ALS SCHLACHTSTÄTTE

Einer der größten und bedeutendsten Unterschiede zwischen „klassischem" Fleisch und Wildfleisch dürfte die Art der Gewinnung sein, also das Töten und die Erstversorgung.

Sowohl die Art und Weise als auch die Umweltgegebenheiten unterscheiden sich stark. Durch die gestiegenen Anforderungen bieten moderne Schlachthäuser eine sehr keimarme Umgebung. Die Schlachtung läuft zudem nach detailliert beschriebenen Vorgaben ab, auch hier kann man – so befremdlich das auch klingen mag – von einer Industrialisierung sprechen. Die Situation auf der Jagd und in der Wildkammer stellt hier das Gegenteil dar. Hieraus können sich demnach schnell große Abweichungen bei den Eigenschaften des Fleisches und der Keimbelastung ergeben. Um dennoch das bestmögliche Ergebnis zu erzielen, gilt es daher in jedem Produktionsschritt die Hintergründe zu kennen und sich so gut es geht nahe des Optimums zu bewegen.

VOM LEBEWESEN ZUM LEBENSMITTEL

Damit aus einem Tier ein Lebensmittel wird bzw. werden kann, muss es sterben. Tot ist ein Lebewesen einfach gesagt, wenn die Hirn- und somit alle Lebensfunktionen erloschen sind. Dies geschieht entweder durch die Zerstörung dieser Strukturen (z. B. Kopfschuss) oder das Absterben durch das Ausbleiben der Sauerstoff- und Nährstoffzufuhr (z. B. Verblutung durch Kammerschuss). Bei der klassischen Schlachtung wird das Tier betäubt und durch Blutentzug getötet. Das heißt, dass das Herz des bewusstlosen (betäubten) Tiers noch schlägt und durch einen Stich in die Hals- und Vorderbeinarterien das Blut aus dem Tierkörper herauspumpen kann. Dies ist wichtig, da Blut ein exzellenter Nährboden für Keime ist und somit die Haltbarkeit des Fleisches beeinflussen würde. Der Tod tritt dann wie zuvor beschrieben ein, weil das Hirn nicht mehr mit Blut bzw. Sauerstoff und Nährstoffen versorgt wird und somit die Arbeit einstellt. Dies tritt nicht sofort nach dem

Teils bricht der Jäger auch im Gelände auf.

„Stechen“ ein, daher ist ein vorheriges Betäuben aus Tierschutzgründen vorgeschrieben.

TODESURSACHEN AUF DER JAGD

Bei der Jagd fehlt die Möglichkeit der Betäubung. Um einerseits ein möglichst leidarmes Erlegen des Tieres und andererseits die Gewinnung eines hochwertigen Lebensmittels gewährleisten zu können, sind daher die Kenntnis über die Lage der Organe sowie gute Schießfertigkeiten von höchster Wichtigkeit.

Theoretisch betrachtet, wäre der Kopfschuss (auch der Schuss in die Halswirbelsäule) die tierfreundlichste Variante, da dieser für ein sofortiges Ausbleiben der „internen Kommunikation“ im Körper sorgt. Sprich, das Tier ist tot, bevor es spüren könnte, getroffen worden zu sein. Diese Methode ist allerdings (außer ggf. bei Fangschüssen) absolut abzulehnen. Erstens ist der Zielbereich sehr klein und selbst eine geringe Abweichung (Schnauze, Speiseröhre) meist nicht mehr (sofort) tödlich, aber immer mit immensem Leid verbunden. Zweitens ist ein Ausbluten auf diese Weise weitgehend unmöglich und somit schlecht für die Fleischqualität. Im Optimalfall werden durch die Schussverletzung große Blutgefäße im Kammerbereich des Stücks verletzt, ohne dabei das Herz vollständig zu zerstören. Ein sicherer und zügiger Tod des beschossenen Stücks ist so sichergestellt. Weiterhin wird durch die (eingeschränkte) Herztätigkeit ein Ausbluten des Stücks ermöglicht.

Dass die Realität manchmal vom Ideal abweicht, hat vermutlich jeder Jäger schon einmal erlebt, vielleicht ist es ihm sogar selber schon passiert, dass ein Schuss nicht so perfekt saß. Dies geschieht häufiger auf Bewegungsjagden als beim klassischen Ansitz oder der Pirsch.

Wild, welches in Bewegung oder sogar auf der Flucht erlegt wurde, wird wesentlich häufiger nicht sofort tödlich getroffen als Stücke, welche vom Ansitz aus erlegt wurden. Ein nicht sofort tödlicher Schuss bedeutet erheblichen Stress für das Tier. Dies ist nicht nur aus Tierschutzgründen zu vermeiden, sondern auch extrem schlecht für die Fleischqualität. Stress und Flucht bedeuten zum einen den Abbau von Glykogenreserven, welche für eine optimale Reifung benötigt werden, zum anderen wird das Fleisch dabei verkeimt. Dies geschieht durch den Eintrag von Keimen durch den Schusskanal, welche im Zusammenspiel mit dem noch intakten Blutkreislauf im gesamten Tierköper verteilt werden. Besonders problematisch ist dies, wenn Ver-

EMPFEHLUNG: ANATOMIE- UND SCHUSSSIMULATOR

Unter https://wildtieranatomie.gr.ch findet sich ein Simulator, der sowohl die Lage der verschiedenen Organe des Schalenwilds darstellt sowie auch den Schusskanal und die verwundeten Bereiche je nach Einschussstelle und -winkel anzeigt.

Bei einem Kammerschuss werden große Blutgefäße verletzt, wodurch das Stück ausblutet.

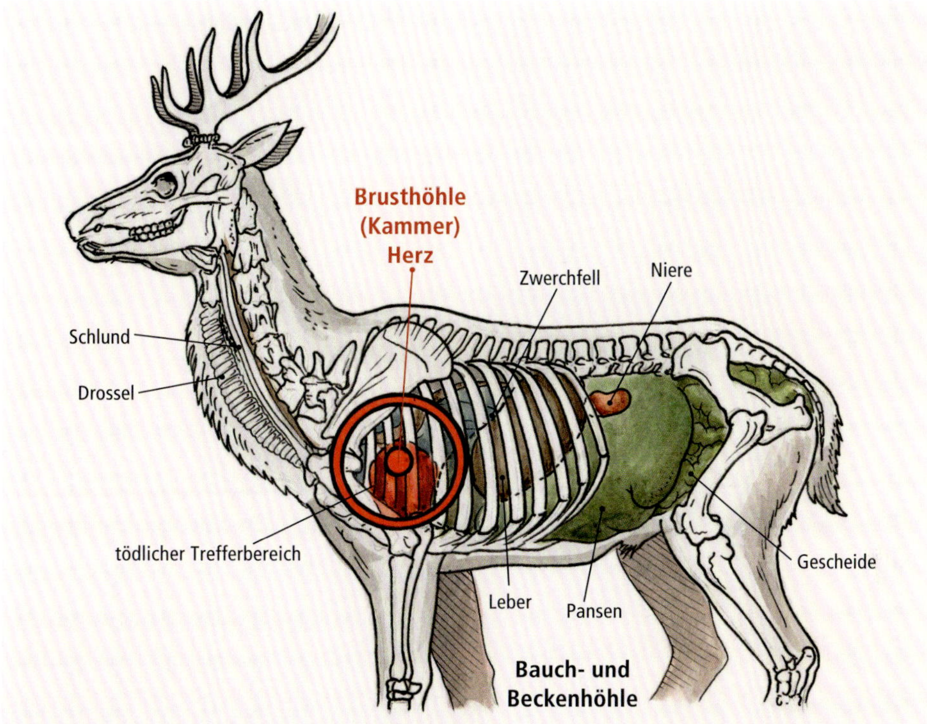

Die Lage der Organe bei unserem Wild sollte dem Jäger möglichst bekannt sein – hier am Beispiel eines Rothirsches.

Insbsondere bei Drückjagden wird auf sich bewegendes Wild geschossen. Leider sitzen die Treffer häufig nicht dort, wo sie sitzen sollen.

Neben dem erheblichen Stress und Leid für das Tier sorgen schlechte Schüsse auch für eine mindere Fleischqualität.

dauungsorgane getroffen werden und sich deren Inhalt in der Blutbahn verteilt.

KONSEQUENZEN FÜR JAGD UND JÄGER

Neben genauer Kenntnis der Lage von Organen im Wildkörper ist es deshalb unabdingbar, dass Jäger fortlaufend ihre Schießfertigkeiten trainieren. Das heißt auch, dass man sich nicht mit einer hohen Punktzahl auf der 100-m-Bahn zufriedengibt, sondern genau analysiert, welche Organe bei einem realen Stück Wild getroffen worden wären. Zudem steht das Wild in der Realität meist nicht perfekt breit vor der Kanzel. Hier muss der Jäger abschätzen können, ob ein Schuss durch die Winkelung weitere und vor allem welche Organe verletzen könnte.

LAGE UND AUSWIRKUNGEN DOKUMENTIEREN

Um ein gutes Gefühl für die Auswirkungen der Trefferlage (und weiterer Faktoren wie Kaliber etc.) zu bekommen, ist es sinnvoll, sich nach der Jagd Ein- und Ausschuss genau anzuschauen und die verletzten Organe zu inspizieren. Hat der Schuss die erwünschte Wirkung erzielt? Wollten Sie mit ihrem Schuss das Herz treffen oder hatten Sie es eigentlich etwas tiefer vermutet und unbeabsichtigt getroffen? Eine 10 oder 9 auf der Rehscheibe auf dem Schießstand sind toll – dennoch gibt es hier ggf. Unterschiede in der Fleischqualität!

BEWEGUNGSJAGDEN

Insbesondere auf Bewegungsjagden bzw. beim Schuss auf sich bewegendes Wild ist Können gefragt. Wichtig sind hier allerdings nicht nur geübte Schützen, sondern auch eine entsprechende Organisation. So können durch die richtige Aufstellung und Zuteilung der Drückjagdstände, die Auswahl geeigneter Hunde und eine angepasste Planung der Treiben möglichst günstige Ausgangsbedingungen für das optimale Antragen eines Schusses geschaffen werden. Zudem sollte darauf hingewiesen werden, dass Wild nicht hochflüchtig beschossen werden sollte bzw. darf. Wenn Sie Wild einigermaßen professionell vermarkten möchten und regelmäßig mit einer bestimmten Gruppe jagen gehen, kann es sich daher sehr positiv auf Ihr Wildgeschäft auswirken, wenn Sie regelmäßig mit Ihren Jagdfreunden den Schießstand, im Idealfall sogar entsprechende Kurse besuchen. Ganz abgesehen davon, dass jeder Schütze seine Fähigkeiten allein aus Tierschutz- und Sicherheitsgründen regelmäßig überprüfen und verbessern sollte. Für Bewegungsjagden gilt aus meiner Sicht:

1. nur langsam ziehendes Wild wird freigegeben
2. Stände werden gemäß Fähigkeiten des Jägers besetzt
3. Es werden nur geeignete Hunde eingesetzt (zuverlässig spurlaut, kurz anjagend)
4. Schützen stehen nicht am Einstandsbereich
5. Schießfertigkeiten werden nachgewiesen
6. undisziplinierte Schützen werden reglementiert

Hochflüchtiges Wild sollte auch auf Drückjagden nicht beschossen werden.

Auf Drückjagden eingesetzte Hunde sollten möglichst spurlaut sowie kurzjagend sein.

Trotz aller Vorkehrungen und Besonnenheit kann es vorkommen, dass ein Schuss mal nicht da sitzt, wo er hin sollte. Doch dann bitte nicht den Kopf in den Sand stecken, sondern jetzt gilt es zu retten, was noch zu retten ist. Ein waidwund geschossenes Stück, welches nach langer Nachsuche abgefangen wird, liefert Fleisch von minderer Qualität. Am problematischsten sind aus wildbrethygienischer Sicht Treffer, die die Verdauungsorgane verletzen. Die austretenden Keime sorgen für eine rasche Kontamination – unter Umständen des gesamten Wildkörpers. Hier ist ein schnelles Aufbrechen und großzügiges Ausschneiden verunreinigter Bereiche noch wichtiger als bei gut getroffenen Stücken. Beim Transport von mehreren Stücken muss darauf geachtet werden, dass waidwund geschossene Stücke bzw. verunreinigte Teile davon kein anderes Wild kontaminieren. Grundsätzlich sollte so erlegtes Wild vor der Verarbeitung von einem Veterinär beschaut und freigegeben werden.

An Bewegungsjagden sollten möglichst nur Schützen teilnehmen, welche zuvor regelmäßig ihre Schießfertigkeiten trainiert haben.

Insbesondere bei längeren Nachsuchen ist von einer minderen Qualität des Fleisches beim nachzusuchenden Stück auszugehen.

NACHSUCHE

Muss Wild nachgesucht werden, ist die mögliche Verwertung besonders kritisch zu hinterfragen. Handelt es sich um einen vergleichsweise guten Schuss (nicht waidwund), mit relativ kurzer Flucht und dementsprechend kurzer Nachsuche (Totsuche), ist die Wahrscheinlichkeit hoch, dass das Fleisch dennoch eine gute Qualität aufweist und verwertet bzw. vermarktet werden kann. Sitzt der Schuss jedoch so, dass das Tier nicht direkt tödlich getroffen wurde und ggf. Verdauungsorgane verletzt wurden und/oder eine Nachsuche erst später durchgeführt wird oder werden kann, muss damit gerechnet werden, dass das Fleisch verworfen werden muss oder zumindest eine amtliche Fleischuntersuchung durchzuführen ist. Bei der Wahl des richtigen Kalibers gilt es zwischen den beiden Punkten „Tötungswirkung" und „Wildbretschonung" einen guten Kompromiss zu finden. Nicht direkt tödliche Schüsse und Nachsuchen sorgen nicht nur für Tierleid, sondern auch für eine Qualitätsminderung des Wildfleisches. Andererseits möchten wir möglichst viel des Tieres verwerten und daher möglichst wenig Wildbret zerstören. Am Wichtigsten ist jedoch ein geübter Schütze und somit eine perfekte Trefferlage – dann kann auch hinterfragt werden, ob ein schwächeres Kaliber eventuell ausreichen würde.

Damit erlegte Stücke rasch auskühlen können, sollten diese möglichst luftig hängen.

VERSORGEN VON WILD

Ein sauberer Schuss ist nur der erste von vielen Faktoren, die einen Einfluss auf das Endprodukt Wildbret haben. Das Stück beim Bergen weite Strecken durch unwegsames Gelände zu schleifen und dann hinterm Auto, direkt über dem Auspuff auf einem Wildträger nach Hause zu fahren, ist selbstredend nicht förderlich. Auch hier gibt es rechtliche Vorgaben und Empfehlungen, die unbedingt beachtet werden müssen. I. d. R. liegt das erlegte Stück nicht direkt auf dem Weg bzw. in befahrbarem Gelände. Während ein Frischling oder Reh mit etwas Muskelkraft bis zum Fahrzeug getragen werden kann, gestaltet sich das bei schwereren Stücken etwas aufwendiger. Wichtig ist hierbei, dass ein Eintrag von Schmutz durch den Schusskanal oder Verletzungen vermieden wird. Das Bergen mit einer Wildwanne ist daher einem Ziehen des Wildkörpers über den Boden vorzuziehen. Wird das Wild nicht im Revier aufgebrochen, sondern erst zur Wildkammer transportiert, muss dies vor allem schnell geschehen. Um hier bereits ein Auskühlen zu ermöglichen bzw. einen Wärmestau (und somit ein Verhitzen) zu verhindern, darf Wild nicht gestapelt liegen – dies gilt auch für Kleinwild. Ein luftiger Anhänger ist hier einem warmen Kofferraum vorzuziehen. Zu vermeiden ist zudem der Transport auf einem Heckträger über dem Auspuff, insbesondere bei bereits aufgebrochenem Wild. Das Lebensmittelrecht verpflichtet den Lebensmittelunternehmer explizit dazu, das Lebensmittel vor Qualitätsbeeinträchtigungen durch z. B. Verunreinigungen und Gase zu schützen. Das meint einerseits einen verschmutzen Kofferraum, andererseits aber auch schädliche Luftbestandteile wie Abgase. Bei nicht aufgebrochenem Wild ist der Toleranzbereich etwas größer, doch auch hier kann es durch Ein- und Ausschuss sowie die Körperöffnungen zu einer Kontamination kommen. Bei bereits aufgebrochenem Wild ist durch die erfolgte „Lüftung" und die Entnahme der warmen Organe das Risiko des Verhitzens etwas gesenkt. Dennoch kann dies immer noch durch das Stapeln der Tierkörper oder den Transport in einem zu warmen Fahrzeug erfolgen. Außerdem ist die Gefahr einer Verunreinigung der nun freiliegenden Fleischteile wesentlich größer. Hier muss daher besonders auf Sauberkeit geachtet werden.

AUFBRECHEN

Großwild ist unverzüglich nach dem Erlegen aufzubrechen, Kleinwild darf auch noch unausgeweidet gekühlt werden. Beim Aufbrechen ist das Wild auf „bedenkliche Merkmale" (854 und Tier-LMHV) zu untersuchen. Nicht verwertbare (außer die ggf. für den Amtstierarzt zu behaltenden) Organe müssen unschädlich entsorgt werden.

KLEINWILD

Auch Kleinwild sollte so schnell wie möglich ausgeweidet und untersucht werden, auch wenn dies rein rechtlich bis zur Abgabe hinausgezögert werden dürfte.

Oberstes Gebot beim Aufbrechen ist das möglichst rasche Entfernen der Verdauungsorgane. Diese sind voller (schädlicher) Keime, die im lebenden Tier durch die sogenannte Magen-Darm-Barriere davon abgehalten werden, sich außerhalb des Verdauungstrakts im restlichen Körper zu verteilen. Nach dem Tod wird diese Barriere allerdings nicht lange aufrechterhalten. Selbst bei sauberen Schüssen ohne Verletzungen der Mägen oder Därme kann so bei längeren Wartezeiten eine hohe Keimbelastung des Wildbrets gegeben sein.

AUSRÜSTUNG

Vor allem beim Aufbrechen von kleinerem oder jüngerem Wild braucht es i. d. R. nicht viel an Hilfsmitten. Ein geübter Jäger kann ein Reh mit 1–2 Messern ohne Weiteres aufbrechen. Im Handel gibt es jedoch für

Auch erlegte Hasen, Kaninchen und anderes Niederwild sollte nach der Erlegung möglichst rasch aufgebrochen werden.

Für das Aufbrechen und Versorgen von erlegten Stücken bietet der Handel allerlei Ausrüstung.

Insbesondere bei schwerem Wild ist das Aufbrechen an bzw. in der Wildkammer deutlich leichter als im Gelände.

ungeübtere oder unsicherere Jäger bzw. für größere und schwerere Stücke allerlei Hilfsmittel. Eine gute Standardausrüstung ist beispielsweise:

- Messer
- Gekrösemesser
- Wetzstahl/Abzieher
- Aufbrechsäge/Rebschere
- saubere Ablagemöglichkeit für das Werkzeug (z. B. Eimer)
- Einweghandschuhe
- ggf. Haken zum Aufhängen
- ggf. Waidlochauslöser

IM WALD ODER IN DER WILDKAMMER?

Aufbrechen im Revier – Vor- und Nachteile:

- Geringe Dauer zwischen Erlegen und Aufbrechen (Verkeimung und Verhitzen werden vermieden)
- Einfacherer Transport, vor allem von schweren Stücken
- Oftmals kein oder wenig Wasser und nur begrenzt Werkzeug verfügbar. Dies erschwert sauberes Arbeiten.
- Je nach Tageszeit herrscht schlechte Beleuchtung. Untersuchung auf bedenkliche Merkmale erschwert.
- In stark frequentierten Revieren kommt es ggf. zur Störung von Passanten.
- Es besteht höheres Risiko für Verunreinigungen der geöffneten Körperhöhle.
- Witterungseinflüsse erschweren die Arbeit.

Aufbrechen in der Wildkammer – Vor- und Nachteile:

- Fließendes Wasser und größere Auswahl an Werkzeug ist verfügbar.
- Gute Beleuchtung vorhanden
- Witterungsunabhängiges und ungestörtes Arbeiten möglich
- Vorrichtungen, die das Arbeiten erleichtern, sind vorhanden (Seilwinde etc.).

— Es besteht geringeres Risiko der Verunreinigung beim Transport
— Längere Dauer zwischen Erlegen und Aufbrechen
— Schwererer Transport

HÄNGEND ODER LIEGEND AUFBRECHEN?

Ablauf beim Aufbrechen von hängenden Stücken:

1. gespreizt aufhängen (Haken in bzw. über Sprunggelenk anbringen)
2. ggf. Pinsel und Brunftkugeln abschärfen
3. Bauchwand freilegen
4. Bauchwand öffnen bis Brustbein
5. ggf. Schlossknochen öffnen und/oder Waidloch auslösen (ringeln)
6. Entfernen der Verdauungsorgane
7. Auftrennen des Brustbeins bis runter zum Kinnwinkel
8. Zwerchfell einschneiden
9. Restliche Organe entnehmen
10. Wild vorsichtig mit sauberem Wasser ausspritzen

Aufbrechen im Hängen – Vor- und Nachteile:

— Organe sind einfacher zu entnehmen, da Schwerkraft hilft
— ggf. austretende Körperflüssigkeiten und Exkremente verunreinigen Keulen nicht
— Kontaktvermeidung zu unsauberem Boden
— Es ist eine Konstruktion zum Aufhängen nötig
— ggf. Seilwinde bei schwereren Stücken erforderlich

Ablauf beim Aufbrechen von liegenden Stücken:

Das Aufbrechen im Liegen unterscheidet sich vom Ablauf nur gering vom Aufbrechen im Hängen. Der größte Unterschied ist, dass uns die Schwerkraft hierbei nicht hilft, die Organe aus dem Tierkörper zu entfernen. Diese müssen zur Seite „rausgehoben“ werden und dabei muss besonders darauf geachtet werden, die wertvollen Keulen nicht zu verunreinigen. Im Internet finden sich dazu zahlreiche Videos und Anleitungen, in denen die einzelnen Schritte gut veranschaulicht dargestellt sind.

An entsprechenden Gerätschaften lassen sich erlegte Stücke für das Aufbrechen leicht aufhängen.

Aufbrechen im Liegen – Vor- und Nachteile:
- ist ohne Hilfskonstruktionen möglich
- überall möglich
- Organbeschau erleichtert

Wenn kein Aufbrechbock vorhanden:
- Potenzielle Verkeimung durch Bodenkontakt
- Wildkörper kann nicht fixiert werden: erschwertes Arbeiten
- ergonomisch ungünstiger

In den vergangenen Jahren ist es in der Jägerschaft teils gang und gäbe geworden, die Stücke zu ringeln, sodass das Schloss nicht mehr geöffnet wird. Prinzipiell ist sowohl das Ringeln als auch das klassische Aufbrechen mit Öffnung des Schlosses möglich. Beide Vorgehensweisen haben Vor- sowie Nachteile.
Vorteile der klassischen Methode sind die einfachere Durchführbarkeit sowie die Tatsache, dass dies sowohl im Hängen als auch Liegen gemacht werden kann. Nachteil dabei ist, dass die Keulen beim Aufbrechen angeschnitten und damit verunreinigt werden können. Größter Vorteil beim Ringeln ist, ebendies zu vermeiden. So wird vermieden, dass selbst bei aufwendigen Bergeaktionen von bereits aufgebrochenen Stücken die Keulen verunreinigt werden. Doch es bestehen auch Nachteile beim Ringeln. So ist es lediglich bei hängenden Stücken möglich. Weiterhin erfordert es vom Aufbrechenden etwas mehr Übung und zudem kann auch ein Waidlochauslöser unter Umständen notwendig sein. Größter Nachteil ist jedoch das schlechtere Auskühlen der Keulenpartie am Wildkörper. Durch die fehlende Öffnung des Schlosses kommt es zu einem langsameren Auskühlen. Ich würde größere Stücke wie Hirsche oder schweres Schwarzwild immer klassisch aufbrechen – also den Schlossknochen direkt auftrennen. Eine raschere Durchkühlung der hier doch recht dicken Muskelpartien im Bereich der Keulen wird auf diese Weise sichergestellt.

VERSORGUNG VON WAIDWUND GESCHOSSENEN STÜCKEN

Wurde das Tier nicht sauber getroffen oder beim Aufbrechen der Verdauungstrakt beschädigt, kann sich Magen- oder Darminhalt in der Bauchhöhle verteilen und das Fleisch verkeimen. Wird hier schnell gehandelt, kann das Fleisch dennoch gerettet werden. Wichtig: im Zweifel immer den Amtsveterinär zu Rate ziehen, vor allem bei

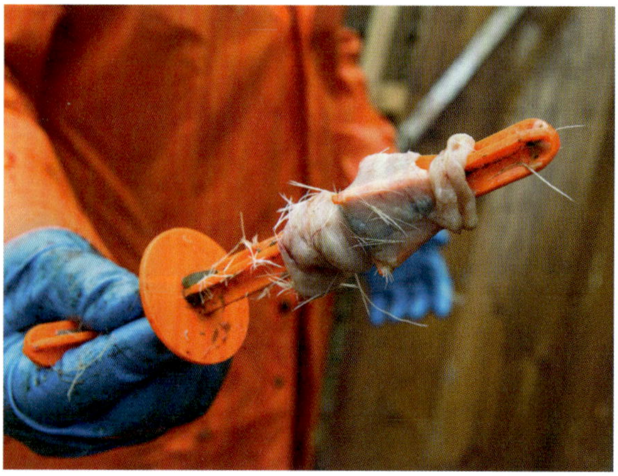

Das Ringeln hat sich in jüngster Vergangenheit beim Versorgen von Wild in der Jägerschaft etabliert.

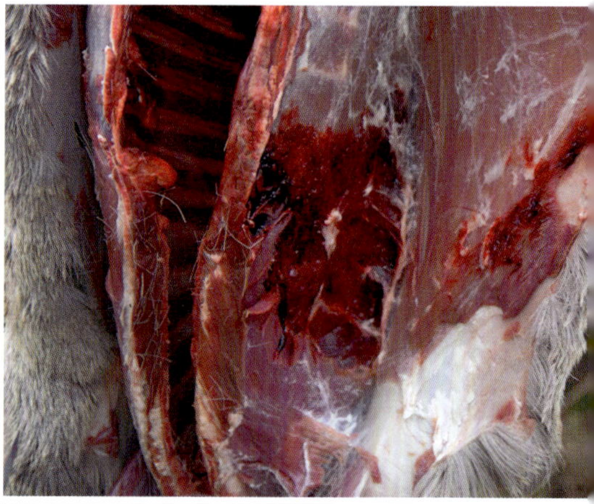

Großflächige Hämatome oder Verschmutzungen sollten möglichst weggeschnitten werden.

KLINGE VOR WASSER

Verschmutzungen sollten immer ausgeschärft werden, da ein Waschen oder Wischen die Keime im restlichen Wildkörper verteilt.

APP EMPFEHLUNG

Auf der Homepage des Amts für Jagd und Fischerei Graubünden gibt es ein interaktives Lernprogramm zur Wildtieranatomie mit 3D Simulator der einzelnen Organe.

längeren Nachsuchen. Bei einem waidwund getroffenen Stück kann z. B. direkt vor Ort eine Entnahme der Verdauungsorgane samt Entfernung der Bauchlappen hilfreich sein. Das Schloss bleibt dabei ungeöffnet und die Brusthöhlenorgane verbleiben vorerst in der Kammer – es sei denn, diese wurden ebenfalls verunreinigt. So kann das Zwerchfell den vorderen Bereich des Tierkörpers schützen. Verschmutzungen sind mit dem Messer zu entfernen und keinesfalls wegzuwischen, vor allem nicht mit Gras oder anderen Dingen aus der Natur. Anschließend sollte schnellstmöglich eine Beförderung in die Wildkammer erfolgen, wo die restlichen Arbeiten und eine Reinigung des Wildkörpers mit sauberem Trinkwasser erfolgen kann.

ORGANUNTERSUCHUNG

Beim Aufbrechen ist eine Untersuchung der Organe durchzuführen. Dabei sollten gesunde Organe wie folgt beschrieben aussehen:

1. Herz: normale Größe mit einheitlicher, kräftiger, roter Farbe, glatter und glänzender Oberfläche sowie Herzkranzfett
2. Lunge: einheitliche, glatte Oberfläche, rosa Farbe und weich-elastische Beschaffenheit
3. Leber: glatte und glänzende Oberfläche, typische rotbraune Farbe mit scharfen Rändern
4. Niere: glatt, hellbraun und elastisch-fest mit ausgeprägter Nierenrinde und hellem Nierenmark (nach Entfernung der Nierenkapsel und aufgeschnitten)
5. Milz: keine Schwellungen, gräuliche, scharfrandige Kapsel mit dunkelrotem, fleischig-körnigem Milzgewebe (nach Anschnitt)
6. Magen-Darm-Trakt: stabilisierendes/verbindendes Fettgewebe zwischen den Organen und Darmschlingen, unauffällige Lymphknoten
7. Geschlechtsorgane: nicht vergrößert
8. Lymphknoten: nicht vergrößert

ENTHÄUTEN

Für das Aus-der-Decke-Schlagen bzw. Abschwarten gibt es verschiedene Vorgehensweisen. Dies kann entweder direkt nach dem Ausweiden erfolgen oder nach dem Abhängen. Für beide Vorgehensweisen gibt es Vor- und Nachteile. Das Wild kann dabei sowohl am Kopf als auch an den Hinterläufen aufgehangen werden. Welche Variante gewählt wird, kann der Jäger nach seiner Präferenz entscheiden, wichtig ist auch hier aber wieder vor allem das hygienisch einwandfreie Arbeiten. Das heißt vor allem

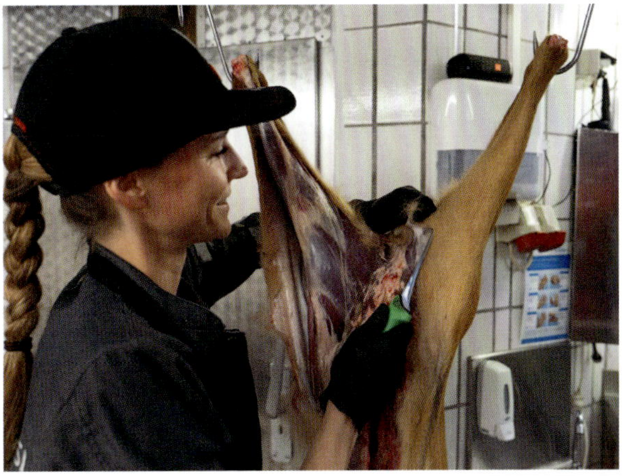

Wild kann sofort nach dem Erlegen oder erst nach dem Abhängen aus der Decke geschlagen bzw. abgeschwartet werden.

regelmäßiges Reinigen der Hände und Werkzeuge und die Vermeidung der Kontamination des Fleisches mit der „unreinen“ Hand, die die Decke bzw. Schwarte hält. Die „reine“ Hand verbleibt am Messer und kann falls notwendig für den Kontakt mit den bereits gehäuteten Körperteilen genutzt werden.

SONDERFALL BEWEGUNGSJAGD

Um die zuvor genannten Regeln und Empfehlungen auch auf Bewegungsjagden umzusetzen, braucht es ein gutes Management. Hohes Wildaufkommen und längere Wartezeiten zwischen Erlegen und Aufbrechen sowie das Streckelegen erhöhen das Risiko von Verhitzung und Verkeimung. Das Aufbrechen sollte daher gut geplant und koordiniert werden und in jedem Fall vor dem Streckelegen stattfinden. Idealerweise sind die einzelnen Treiben so geplant, dass auch Wild, das bereits zu Beginn erlegt wird, noch gut verwertet werden kann. Das Wild sollte zudem möglichst lange vor dem Streckelegen frei hängend auskühlen und daher erst kurz vor dem Verblasen auf die Strecke gelegt werden. Idealerweise legt man – vor allem bei größeren Strecken oder mehreren Treiben – nur einen kleinen „repräsentativen“ Teil der Stücke zur Strecke. Geeignet sind hier vor allem Stücke, die zum Ende hin erlegt wurden. Selbstverständlich sollte das Wild nicht zu dicht aneinandergelegt werden und Kontaminationen durch Jäger und Hunde vermieden werden. Bereits in der Kühlkammer runtergekühltes Wild sollte nicht mehr auf die Strecke gelegt werden, da es dann durch Kondenswasser „beschlägt“ und die Feuchtigkeit das Bakterienwachstum begünstigt. Im Rahmen des Aufbrechens sollten auch die Ein- und Ausschussflächen großzügig weggeschnitten werden. Durch den Einschuss und die im Anschluss offenliegende Wunde kann das umliegende Gewebe bereits stark verkeimt sein. Darüber hinaus gibt es noch weitere Regeln und Empfehlungen, um den Eintrag und/oder die Vertei-

AUFBRECHEN INNERHALB:	30 MIN.	2 STD.	> 2 STD.
Verletzungen nur im Bereich Kammer, Träger, Haupt			
keimfrei	33,3 %	16,7 %	0 %
gering keimhaltig	63,7 %	50 %	16,7 %
stark keimhaltig	3 %	33,3 %	83,3 %
Verletzungen der Bauchorgane			
keimfrei	0 %	0 %	0 %
gering keimhaltig	75 %	14,2 %	0 %
stark keimhaltig	25 %	85,8 %	100 %
Unfallrehe mit Verletzungen der Bauchorgane			
keimfrei	0 %	0 %	0 %
gering keimhaltig	65 %	38,4 %	0 %
stark keimhaltig	35 %	61,6 %	100 %

REHWILD – KEIMGEHALT DER MUSKULATUR NACH VERLETZUNGEN (LENZE, 1977)

lung von Keimen zu minimieren. Grundsätzlich sollte im Umgang mit Lebensmitteln auf saubere Kleidung und Arbeitsmaterialien geachtet werden. So sollten auch bereits beim Aufbrechen die ggf. verschmutzten Jagdklamotten ausgezogen werden, um z. B. den Eintrag von anhaftendem Dreck oder Grünzeug am Ärmel in die Bauchhöhle zu verhindern, und eine Schürze getragen werden. Aufbrechregeln:

1. schnellstmöglicher Beginn
2. Ausschärfen der Ein- und Ausschussfläche
3. saubere Kleidung/Schürze
4. sauberes Werkzeug
5. Handschuhe tragen

Beim Aufbrechen sollten möglichst Einmalhandschuhe getragen werden.

Nicht nur zum Schutz des Lebensmittels, sondern vor allem zum Schutz des Menschen sollten zudem Einmalhandschuhe getragen werden. Neben sauberem Werkzeug sollte auch eine Ablage für dieses zur Verfügung stehen, damit es nicht durch Boden- oder anderen Kontakt verschmutzt werden kann.

WILDKRANKHEITEN & BEDENKLICHE MERKMALE

Beim Erlegen, Aufbrechen, Zerwirken und weiteren Behandeln ist auf Merkmale zu achten, die das Fleisch als gesundheitlich bedenklich erscheinen lassen. Sollte eines dieser Merkmale festgestellt werden, muss der Wildkörper vor dem Verwerten einer amtlichen Fleischbeschau zugeführt werden. Neben den einzuhaltenden Anforderungen des Lebensmittelrechts zum Schutz des Verbrauchers, gibt es noch weitere gute Gründe, sich ein grundsätzliches Wissen zum Thema Wildkrankheiten anzueignen, z. B. den Seuchen- und Selbstschutz. In Zeiten der Afrikanischen Schweinepest, einer Tierseuche, die ein immenses Potenzial hat, sowohl großes Tierleid als auch riesigen wirtschaftlichen Schaden zu verursachen, ist es wichtig, frühste Anzeichen zu erkennen, um möglichst schnell eingreifen zu können. Auch wenn die ASP nicht direkt für den Menschen gefährlich werden kann, können es zahlreiche andere Krankheiten. Selbst wenn wir ein Stück nicht für den Verzehr verwerten wollen, sollten wir im Umgang damit auf Anzeichen achten, die auf eine Erkrankung hindeuten können. Denn auch wenn ich „nur" Fell, Zähne oder ähnliches entnehmen will, kann ich mich dabei anstecken. Wie bereits zuvor im Buch erläutert, können Krankheiten durch Bakterien, Viren oder Pilze (bzw. deren Sporen) ausgelöst werden. Außerdem kann ein Tier von Parasiten befallen sein oder durch Verletzungen, Vergiftungen oder Wucherungen bzw. Missbildungen als „nicht gesund" und somit krank eingestuft werden. Jede dieser Erkrankungsformen geht mit unterschiedlichen Symptomen einher und kann die Verzehrfähigkeit des Fleisches beeinflussen.

LISTE BEDENKLICHER MERKMALE

1. abnormale Verhaltensweisen oder Störungen des Allgemeinbefindens
2. Fehlen von Anzeichen äußerer Gewalteinwirkung als Todesursache (Fallwild)
3. Geschwülste oder Abszesse, wenn sie zahlreich oder verteilt in inneren Organen oder in der Muskulatur vorkommen
4. Schwellungen der Gelenke oder Hoden, Hodenvereiterung, Leber- oder Milzschwellung, Darm- oder Nabelentzündung, bei Federwild Entzündung des Herzens, des Drüsen- oder Muskelmagens
5. fremder Inhalt in den Körperhöhlen, insbesondere Magen- und Darminhalt oder Harn, wenn Brust- oder Bauchfell verfärbt ist
6. erhebliche Gasbildung im Magen- und Darmkanal mit Verfärbung der inneren Organe
7. erhebliche Abweichungen der Muskulatur oder der Organe in Farbe, Konsistenz oder Geruch
8. offene Knochenbrüche, soweit sie nicht unmittelbar mit dem Erlegen in Zusammenhang stehen
9. erhebliche Abmagerung
10. frische Verklebungen oder Verwachsungen von Organen mit Brust- oder Bauchfell
11. Geschwülste oder Wucherungen im Kopfbereich oder an den Ständern bei Federwild
12. verklebte Augenlider, Anzeichen von Durchfall, insbesondere im Bereich der Kloake, sowie Verklebungen und sonstige Veränderungen der Befiederung, Haut- und Kopfanhänge sowie Ständer bei Federwild
13. sonstige erhebliche Veränderungen – außer Schussverletzungen

Bei der Jagd wird die notwendige Lebendbeschau des Tiers vom jeweiligen Schützen übernommen.

LEBENDBESCHAU BEI WILD

Wie auch bei der Schlachtung von landwirtschaftlich gehaltenen Nutztieren muss auch bei Wild eine Lebendbeschau erfolgen. Diese obliegt dem Jäger, der das entsprechende Stück Wild erlegt. Deshalb sollte man sich das zu beschießende Stück vor der Erlegung genau anschauen. Beispielhaft können folgende Fragen dabei durchgegangen werden: Fehlt die natürliche Scheu, ist das Tier ungewöhnlich zutraulich? Bewegt es sich sonderbar? Hat es eine unnatürliche Körperhaltung? Gibt es komische Laute von sich? Verhält es sich anders als sonst? Um abnormales Verhalten zu erkennen, muss das natürliche Verhalten der entsprechenden Wildart bekannt sein. Erfahrene Jäger haben dieses normale Verhalten bei unzähligen Ansitzen sowie Pirschgängen in der Vergangenheit kennengelernt. Doch insbesondere frischgebackenen Jägern fehlt diese Kenntnis ab und an. Schauen Sie sich deshalb ggf. Videos von gesunden und kranken Tieren an und lassen Sie sich in unvertrauten Revieren mit unvertrauten Wildarten über das Wild und mögliche Besonderheiten aufklären. Bei der Lebendbeschau können zudem erste Einschätzungen zum Ernährungszustand gemacht werden.

Aber auch bei erlegtem Wild hat die Art des Ablebens wie zuvor beschrieben einen großen Einfluss auf die Fleischqualität. Ist es durch einen Kammerschuss verblutet oder durch einen Kopfschuss erlegt worden? Wie zuvor beschrieben, gibt es je nachdem starke Unterschiede beim Ausbluten des Tieres und somit der Qualität sowie Haltbarkeit des Fleisches.

NACH UNFALL ERLEGT

Wird verletztes Wild z.B. nach einem Verkehrsunfall erlegt, gilt es nicht als Fallwild und dürfte nach einer amtlichen Untersuchung durch einen Veterinär vermarktet werden.

Würde dieses Stück Rehwild vom Jäger erlöst werden, dürfte es rein rechtlich nach einer amtlichen Fleischuntersuchung vermarktet werden.

ÜBER FLEISCH

WILDFLEISCH IM VERGLEICH

Bereits beim Blick auf Wildschwein ist der Unterschied zu Hausschweinfleisch erkennbar. Doch woran liegt das und welche Besonderheiten gibt es bei „wildem" Fleisch noch?

Der Begriff „Wildfleisch" oder auch „Wildbret" beschreibt das Fleisch derart vieler Tierarten, dass man kaum – zumindest was Aromen und Zubereitung angeht – von gemeinsamen Eigenschaften sprechen kann. Jede Tierart verdient eine gesonderte Betrachtung. Ähnlich wie sich wenig pauschale Aussagen über Fleisch von landwirtschaftlich gehaltenen Tieren wie Rindern und Schweinen treffen lassen, lassen sich Geschmack und Eigenschaften von Reh, Hase oder Taube schwerlich gemeinsam beschreiben.

Hausschweinfleisch ist deutlich heller als das von Wildschweinen.

Auch der oftmals beschriebene Wildgeschmack ist kein zufälliges allgemeines Merkmal des Fleisches der verschiedenen Tierarten, sondern entsteht durch den Umgang mit dem Lebensmittel. So unterschied-

WARUM IST WILDFLEISCH DUNKLER?

Wenn Haus- und Wildschwein genetisch nahezu identisch sind, warum ist das Fleisch des Schwarzwildes dann so viel dunkler? Das liegt vor allem an der aktiven Lebensweise der Wildtiere. Je mehr sich ein Tier bewegt, desto mehr Myoglobin, das ist der rote Farbstoff des Muskels, lagert sich im Fleisch ein. Die rote Farbe repräsentiert also die artgerechte Lebensweise des Tieres. Oft liest man auch davon, dass Wild ja nicht ausbluten würde und das Fleisch daher die dunklere Farbe habe. Da die Tiere bei einem Kammerschuss allerdings nach innen ausbluten, ist diese Aussage eher skeptisch zu betrachten.

ETYMOLOGIE „WILDBRET"

Das gern genutzte Synonym „Wildbret" für das Wort „Wildfleisch" hat seinen Ursprung im Altdeutschen. Das Althochdeutsche „Brät" steht dabei für „schieres Fleisch ohne Fett und Knochen, Muskelfleisch, gebratenes Fleisch". Der Begriff „Wild" umfasst im Althochdeutschen – ähnlich wie heute – „freilebendes, jagdbares Tier". Wildbret kann also gemäß seiner etymologischen Wurzeln als „rohes oder zubereitetes Fleisch gejagter Tiere" definiert werden. Genau genommen ergeben sich hier also Unterschiede zum Wort „Wildfleisch", da hierunter im Handel auch Fleisch nicht gejagter Tiere zu finden ist.

lich Wildfleisch ist, gibt es dennoch einige Eigenschaften, die oftmals auf fast alle Wildarten zutreffen. Das liegt allerdings nicht etwa an naher Verwandtschaft, sondern an der ähnlichen Lebensweise. Wildtiere bewegen sich mehr und fressen i. d. R. abwechslungsreicher und anders als unsere landwirtschaftlich gehaltenen Tiere. Durch Bewegung und Grünfutter entsteht ein dunkleres, aromatischeres Fleisch.

Mehr als eine Million Rehe werden alljährlich in Deutschland erlegt.

REHWILD

Rehwild ist die in Europa häufigste und mit einer Schulterhöhe bis rund 85 cm und einem Gewicht bis 25 kg zugleich kleinste Hirschart. Rehe leben als Einzelgänger oder in kleinen Familiengruppen, im Winter manchmal auch in losen, größeren Ver-

Nährwerte von 100 g Rehfleisch:

Eiweiß	22 g
Fett	2 g
Kohlenhydrate	0 g
Cholesterin	65 mg
Brennwert	122 kcal

REHWILD	GEWICHT (kg)	ANTEIL (%)
Jagdgewicht (aufgebrochen)	16	100
Haupt, Läufe, Decke	3,2	20
Wildbretgewicht/Schlachtkörpergewicht	12,8	100
Schultern	2,1	16
ohne Knochen	1,4	11
Keulen	5	39
ohne Knochen	4	31
Rücken ohne Filet	2,2	17
ohne Knochen	1,1	9
Rippen und Bauchlappen	1,6	13
ohne Knochen	1	8
Hals	0,8	6
ohne Knochen	0,4	3
Abschnitt- und Trockenverluste	1,1	9

AUSSCHLACHTERGEBNISSE EINES REHBOCKS (KUJAWSKI 1999); ERWEITERT MIT EIGENEN ANGABEN

bänden. Bevorzugt werden Lebensräume mit ausreichender Nahrungsvielfalt wie Feld- und Waldränder. Rehe sind Wiederkäuer und sogenannte Konzentrat-Selektierer. Sie fressen faser- und zellulosearme Nahrung, die reich an leicht verdaulichen Nährstoffen wie Zucker und Proteinen ist. Dies sind z. B. Blüten, Kräuter, Triebe und Knospen. Diese Futtermittel besitzen einen hohen Anteil an Phytochemikalien (natürliche chemische Verbindungen in Pflanzen), die für ein intensives Aroma des Fleischs sorgen. Das Fleisch von Rehwild ist kurzfaserig sowie mager und dunkel rotbraun in der Farbe.

Das Fleisch von Schwarzwild ist deutlich fettreicher als das der anderen Wildarten.

SCHWARZWILD

Das Wildschwein ist die Stammform unseres Hausschweins und schon seit sehr langer Zeit weit in Europa verbreitet. Die wilden Schweine finden sich aber auch in zahlreichen Ländern außerhalb Europas. Wildschweine erreichen eine Schulterhöhe bis etwa 115 cm und je nach Region Gewichte bis 200 kg, Keiler z. T. auch mehr. Schwarzwild lebt in Familienverbänden, sogenannten Rotten, in unterholzreichen Laub- und Mischwäldern, zieht aber bei ausreichend Deckung auch gerne auf Felder, um dort zu fressen. Wildschweine sind Allesfresser und Monogaster – also keine Wiederkäuer. Ihr Nahrungsspektrum umfasst tierische sowie pflanzliche Nahrung und reicht von Kräu-

Nährwerte von 100 g Wildschweinfleisch:

Eiweiß	21 g
Fett	7 g
Kohlenhydrate	0 g
Cholesterin	63 mg
Brennwert	147 kcal

SCHWARZWILD	GEWICHT (kg)	ANTEIL (%)	ANTEIL VOM JAGDGEWICHT (%)
Jagdgewicht (aufgebrochen)	45	100	
Kopf, Läufe, Schwarte	18,55	44	
Wildbretgewicht/Schlachtkörpergewicht	23,45	100	56
Schultern	4,62	20	11
Keulen	6,96	30	17
Rücken mit Filet	4,82	21	11
Rippen- mit Bauchlappen	4,92	21	12
Hals	2,14	9	5

AUSSCHLACHTGEWICHTE EINES STÜCKES SCHWARZWILD AUS DJV HANDBUCH JAGD 2017

tern über Knollen und Früchte bis hin zu Insekten und Mäusen und Aas. Ihr Fleisch und Fett kann daher unterschiedlich schmecken und verschiedene Eigenschaften haben. Das Fleisch von Schwarzwild ist aromatisch und fetter als das Fleisch unserer anderen einheimischen Schalenwildarten. Weiterhin ist das Fleisch deutlich dunkler und intensiver rot gefärbt als das Fleisch von Hausschweinen.

Rotwild kommt in zahlreichen Regionen Deutschlands vor. Das Fleisch ist gekennzeichnet von einer dunkelroten Farbe.

Nährwerte von 100 g Rotwildfleisch:

Eiweiß	21 g
Fett	2 g
Kohlenhydrate	0 g
Cholesterin	110 mg
Brennwert	102 kcal

ROTWILD

Rotwild ist die größte einheimische Wildart und weltweit weit verbreitet. Hirsche können dabei eine Schulterhöhe von bis zu 150 cm erreichen und auf ein Gewicht von bis zu 250 kg gelangen. Rotwild gehört ebenfalls zu den Wiederkäuern, zählt aber im Gegensatz zum Rehwild zum interme-

ROTWILD	GEWICHT (kg)	ANTEIL (%)
Lebendgewicht (nach Erlegen)	93,6	100
Innereien (Leber, Herz, Nieren, Milz, Lunge)	5,2	6
Magen-Darm-Trakt, Schweiß	24,1	26
Jagdgewicht (aufgebrochen)	62,3	100
Haupt	5,6	9
Läufe	3,2	5
Decke	4,5	7
Wildbretgewicht/Schlachtkörpergewicht	48,9	100
Schultern	8,9	18
Keulen	18,5	38
Rücken mit Filets	9,4	19
Rippen	6,5	13
Bauchlappen	1,8	4
Hals	3,2	7

AUSSCHLACHTGEWICHTE VON ROTWILDSPIESSERN (MATZKE, 1999)

diären Äsungstyp. Es kann sowohl leicht- als auch schwerer verdauliche Nahrung gut verwerten und sich so an sich verändernde Äsungszusammensetzungen anpassen. Im Sommer wird gezielt eiweißreiche und rohfaserarme Nahrung wie Kräuter gesucht, im Winter wird die Nahrungsaufnahme aufgrund des reduzierten Stoffwechsels gedrosselt. Rotwildfleisch ist kurz- bis langfaserig und hat eine dunkelrote Farbe.

DAMWILD

Damwild ist mit einer Schulterhöhe bis 100 cm und einem Gewicht bis 120 kg größer als Rehwild und kleiner als Rotwild. Es bevorzugt lichtungsreiche Wälder und lebt in Rudeln. Die Ernährung ist der von Rotwild sehr ähnlich. Das Fleisch ähnelt ebenfalls dem Fleisch von Rotwild, aber ist dabei milder im Geschmack und etwas feiner.

SIKAWILD

Sikawild ist ähnlich groß wie Damwild, dabei aber etwas leichter. Es lebt bevorzugt in wasserreichen Laubwäldern mit dichtem Unterholz in kleinen Gruppen oder Familienverbänden. Bezüglich der Ernährung ist Sikawild etwas anspruchsvoller als Dam- so-

Neben einigen wilden Damwildvorkommen in Deutschland wird Damwild vielerorts auch in Gehegen gehalten.

wie Rotwild. Das Fleisch ähnelt ebenfalls dem von Dam- sowie Rotwild, ist jedoch etwas dunkler und würziger im Geschmack. Es gilt bei einigen Wildfleischfans als wahre Delikatesse.

MUFFEL-, GAMS- UND STEINWILD

Die wilden Vertreter der Ziegenartigen gehören ebenfalls zu den Wildfleischlieferanten in Deutschland. Durch die begrenzte Verbreitung findet sich ihr Fleisch auch nur sehr regional. Sollten Sie zu den Glücklichen gehören, die dieses Wild bejagen dürfen, empfehle ich Ihnen natürlich wärmstens, auch dieses entsprechend als Delikatesse zu bejagen.

KLEINWILD/EXOTEN

Auch Niederwild macht sich gut in der Küche und weist vorteilhafte Nährwerte auf. Nicht nur die Klassiker wie Taube oder Ente schmecken gut, auch „exotischeres" Wild erfreut sich immer größerer Beliebheit. So hört und liest man z. B. immer öfter von der Verwertung von Nutrias und Waschbären.

Sikawild stammt ursprünglich aus Asien und kommt nur sporadisch in Deutschland vor.

Einige Muffelwildvorkommen sind durch die Rückkehr des Wolfs nach Deutschland erloschen.

FLEISCHWISSEN

„Fleisch" – was ist das eigentlich? Um dieses hochwertige, aber auch sehr sensible und vor allem komplexe Lebensmittel ideal verarbeiten und zubereiten zu können, müssen wir es erst mal verstehen.

Wenn wir ein Stück Fleisch essen, essen wir i. d. R. einen oder mehrere Muskeln bzw. Teile davon. Je nach Zuschnitt oder Gericht serviert mit anhaftendem Knochen, inkl. Fett, Haut und den zugehörigen Gefäßen. Fleisch besteht zum größten Teil aus Wasser, danach kommt Eiweiß (Protein), Fett und Spuren von weiteren Nährstoffen. Die einzelnen Bestandteile kann man zur Bewertung eines Fleischstücks weiter unterteilen. Das Eiweiß lässt sich vereinfacht gesagt in weiches und festes Eiweiß unterteilen. Weiches Eiweiß kann zur Vereinfachung als Muskeleiweiß bezeichnet werden, festes als Bindegewebseiweiß. Ein Muskel besteht immer aus beidem. Jedoch variiert das Verhältnis zueinander. Muskeln, die wenig Bindegewebseiweiß enthalten, sind weicher bzw. zarter, Muskeln die viel davon enthalten – weil sie z. B. Stützfunktionen haben wie die (vorderen) Extremitäten –, sind fester bzw. zäher. Beide Arten von Eiweiß ziehen sich beim Erhitzen zusammen. Weiches Eiweiß bleibt allerdings dabei genießbar, festes nicht. Daher können wir ein Filet kurzbraten und eine Beinscheibe nicht. Festes Eiweiß löst sich allerdings unter langer Hitzeeinwirkung. Aus dem Bindegewebe

Fleisch ist nicht gleich Fleisch! Die Variabilität ist groß.

wird Gelatine – und die geschmorte Beinscheibe somit ebenfalls zart. Das Fett lässt sich gleich mehrfach unterteilen. Einmal in intra- und intermuskulär, also in der Muskulatur und dazwischenliegendes sowie ebenfalls in weiches und hartes Fett. Letzteres ist vor allem bei der Produktion von Wurstwaren wichtig und bei Wildfleisch ein Sonderfall. Viele Produkte, die man ohne Probleme aus Rind und Schwein herstellen kann, gelingen aus Wildfleisch manchmal nicht gleich gut – Grund ist das Fett. Wildfleisch enthält mehr ungesättigte Fettsäuren, welche zwar gesund sind, aber zu den besagten weichen Fetten zählen und daher nicht die Stabilität mitbringen, die man für manche Würste braucht.

AUFBAU VON MUSKELN

Der Muskel besteht aus von Muskelfaszien umhüllten Muskelfaserbündeln, welche wiederum – wie der Name vermuten lässt – aus mehreren Muskelfasern bestehen. Muskelfasern sind lange Zellen und enthalten u. a. die Proteine Aktin und Myosin. Diese sind parallel angeordnet und liegen bei einer Muskelkontraktion zusammengezogen vor (als sogenannter Aktomyosinkomplex), beim entspannten Muskel in getrennter Form. Würde man Fleisch direkt nach der Schlachtung bzw. der Jagd zubereiten, wäre es zäher, trockener und weniger aromatisch als man es gewohnt ist – z. T. sogar ungenießbar. Es muss daher unter kontrollierten Bedingungen abhängen und reifen, um optimale Eigenschaften zu entwickeln. Auf biochemischer Ebene finden zwischen Todeseintritt und Verzehr eine Vielzahl von Vorgängen im Muskel statt. Die Eigenschaften des Fleisches verändern sich dabei mehrfach stark und haben daher großen Einfluss auf die Qualität des Endprodukts. Viele Prozesse laufen parallel zueinander ab und sind nicht eindeutig voneinander zu trennen. Grob lassen sich diese Veränderungen und ihre Einflüsse auf das Fleisch wie folgt unterscheiden:

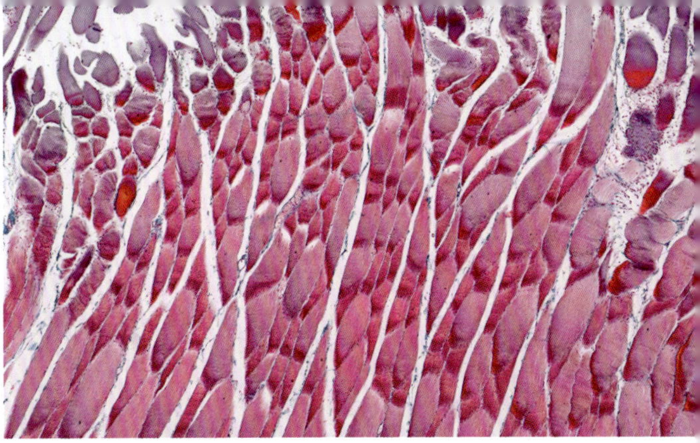

Im Mikroskop sind die einzelnen Muskelzellen deutlich zu erkennen.

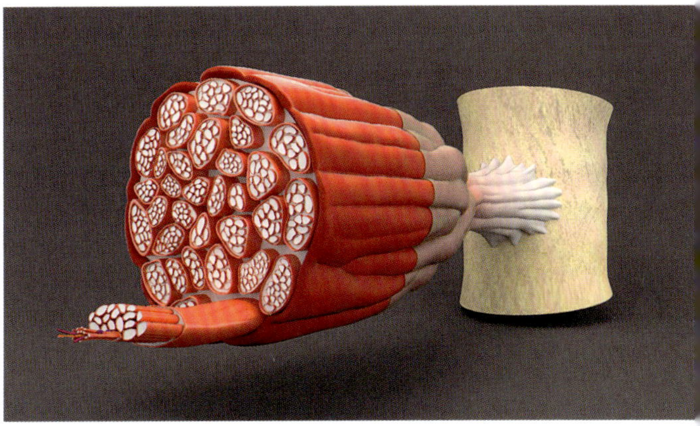

Muskeln bestehen aus zahlreichen Muskelfaserbündeln.

1. **Lebendes Tier:** Für die Kontraktion, also das Zusammenziehen eines Muskels, wird Energie benötigt. Diese wird durch den Abbau von ATP (Adenosintriphosphat) zu ADP (Adenosindiphosphat) bereitgestellt. Für den Wiederaufbau von ADP zu ATP wird Glykogen (Muskelzucker) unter Zuhilfenahme von Sauerstoff abgebaut. Mit der so freiwerdenden Energie wird ADP wieder zu ATP und der Muskel bzw. der Aktomyosinkomplex liegt wieder im entspannten Zustand vor. Dieses Zusammenspiel bzw. dieser Kreislauf ermöglicht die Muskelkontraktion und kann so lange ablaufen, wie Glykogen und Sauerstoff zur Verfügung stehen.

2. **Direkt nach dem Tod – „schlachtwarmer Zustand“:** Mit dem Tod unterbricht die Sauerstoffzufuhr. Im Muskel befinden sich noch wenige Sauerstoffreserven, die die zuvor beschriebenen Vorgänge weiterhin für kurze Zeit ermöglichen. Der noch vorhandene Sauerstoff ist jedoch relativ schnell abgebaut und folglich kann aus ADP kein ATP wieder aufgebaut werden. Am Ende dieser ersten Phase nach dem Todeseintritt liegt kein ATP mehr im Muskel vor und die Muskelstarre tritt ein. Auch wenn kein Sauerstoff mehr zur Verfügung steht, wird Glykogen währenddessen auch weiter abgebaut. Unter diesen anaeroben Bedingungen ist das Endprodukt allerdings Milchsäure. Das Ergebnis ist ein sinkender pH-Wert, insbesondere in den Muskeln, die einen hohen Ausgangsgehalt an Glykogen hatten.
3. **Muskelstarre & maximale Säuerung:** Einige Stunden nach dem Tod tritt die Muskelstarre ein. Zuerst an den stärker belasteten Muskeln wie die des Herzens, des Zwerchfells oder den vorderen Extremitäten. Später dann auch die am geringsten belasteten wie z.B. die Filets. Auch während des Muskelstarre wird weiterhin das restliche Glykogen zu Milchsäure abgebaut. Irgendwann erreicht das Fleisch seinen tiefsten pH-Wert (<5,5) und die Muskelstarre beginnt sich wieder zu lösen.
4. **Genussreife:** Mit dem Ende der Muskelstarre beginnt die Reifung, die das Fleisch genusstauglich macht. Diese Reife- bzw. Zersetzungsprozesse finden durch fleischeigene Enzyme (autolytische bzw. selbstzersetzende Prozesse) sowie durch Mikroorganismen (und deren Enzyme) statt.

Unmittelbar nach der Erlegung beginnt die Fleischreifung.

Bei genauerer Betrachtung der Reifeprozesse stellt man fest, dass die Unterscheidung zwischen Reife und Verderb eher eine individuelle Entscheidung, als ein fixer Zeitpunkt ist.

FLEISCHREIFUNG – EINFLÜSSE

Fleisch kann grundsätzlich auf mehrere Arten reifen. Wild wird i. d. R. in der Decke abgehangen, was allerdings nicht der einzige Weg ist. Sie können auch auf die Methode des sogenannten „Wet-Agings“, also der Nassreifung zurückgreifen. Dafür wird das Wild direkt aus der Decke geschlagen, (grob) zerlegt und einvakuumiert. Die Reifung erfolgt dann in der Verpackung im Kühlschrank. Die Vorteile liegen auf der Hand: Es wird kein Wildkühlschrank benötigt und es gibt weniger Trockenverluste. Allerdings dürfte sich diese Vorgehensweise nur für einzelne Stücke

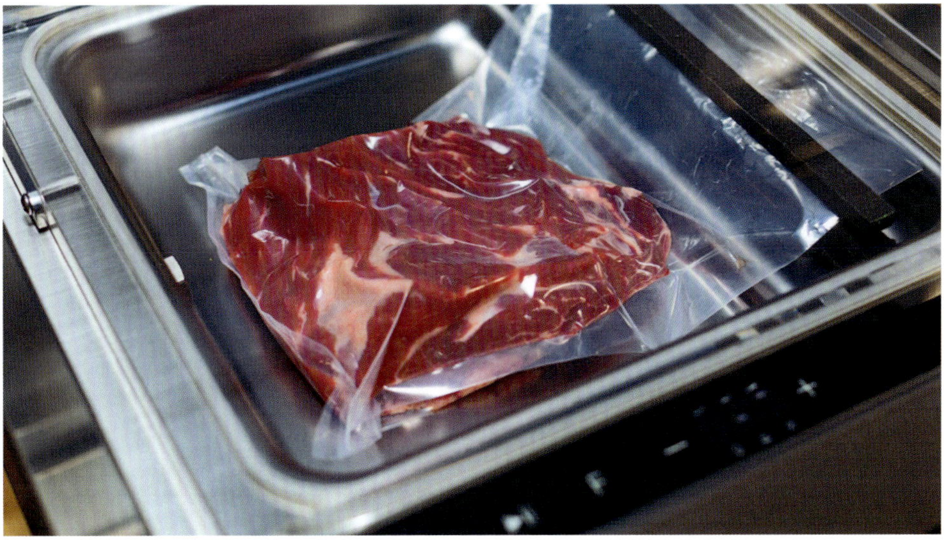

Wild wird in der Regel in der Decke abgehangen – muss es aber nicht. Wildfleisch kann auch im Vakuum reifen.

oder kleine Strecken eignen – es sei denn, Sie finden nach der Drückjagd genug Helfer, um direkt 50 Stück Wild zu zerlegen und zu vakuumieren. Klassischerweise werden Tierkörper bzw. Teile davon bei unter 2 °C einige Tage bis Wochen (je nach Tier- und Reifeart) abgehangen. Das gleiche Ergebnis würde man in zwei Tagen bei einer Lagertemperatur von 20 °C erreichen, da die fleischeigenen Reifeprozesse temperaturabhängig sind. Was dann aber zusätzlich passiert, dürfte allen klar sein: Mikroorganismen würden das Fleisch bei diesen Wohlfühltemperaturen derart verderben, dass es nicht mehr für den menschlichen Verzehr geeignet ist. In der industriellen Fleischproduktion kann Stress vor der Schlachtung zu einer Störung der normalen Glykolyse führen, also der Energiegewinnung im lebenden Tier bzw. der Milchsäurebildung im Fleisch nach Todeseintritt. PSE-Fleisch ist blass, weich und wässrig (pale, soft, exudative) und kommt vor allem bei besonders stressempfindlichen Schweinen vor. DFD-Fleisch ist dunkel, fest und trocken (darf, firm, dry) und kommt vor allem bei Wiederkäuern vor.

Da Wildtiere i. d. R. besser konditioniert und stressresistenter bzw. -gewohnter sind als klassische Schlachttiere, treten die oben beschriebenen Reifefehler eher selten auf. Problematisch können hier allerdings Bewegungsjagden mit sehr lang anhaltenden oder schnellen Hetzen sein. Fleisch mit solchen Fehlern eignet sich nur noch sehr bedingt für den Verzehr bzw. die Verarbeitung und weist somit einen stark verminderten Genusswert auf.

Lang anhaltende Hetzen können für die Fleischreifung bei erlegten Stücken nachteilig sein.

REIFEFEHLER

Kommt es im Tierkörper zu Wärmestau, folgt ein rascher enzymatischer Verderb. Es sind dann ausnahmsweise keine Bakterien, die das Fleisch verderben, sondern fleischeigene Prozesse, die durch die zu hohen Temperaturen verursacht werden. Grund ist oftmals ein verzögertes Aufbrechen oder falscher Transport (stapeln warmer Tierkörper), insbesondere in Kombination mit dichtem Haarkleid und isolierender Fettschicht, vor allem im Winter. Aber auch eine mangelhafte Kühlung nach einem rechtzeitigen Aufbrechen kann das Fleisch noch verhitzen lassen. Erkennbar ist die stickige Reifung an einer kupfer- bis braunroten Muskelfarbe, einem unangenehmen scharf-muffigen Geruch und einer mürben Konsistenz. Der sogenannte „Cold Shortening"-Effekt, also eine „Kälteverkürzung" der Muskulatur tritt auf, wenn Fleisch bzw. der Wildkörper nach dem Erlegen zu rasch unter 10 °C abgekühlt wird. Nach dem Tod wird durch die Freisetzung von Kalziumionen in den Muskelzellen das Einsetzen der Totenstarre ausgelöst. Eine zu schnelle Abkühlung verhindert die vollständige Freisetzung und führt somit zu einer bleibenden Steifheit und Verkürzung der Muskulatur. Abhilfe verschafft ein langsames Auskühlen des Wildkörpers vor dem Verbringen in die Kühlkammer. Durch das Bergen, Transportieren und Aufbrechen vergeht bei der Jagd allerdings i. d. R. schon eine gewisse Zeit, so dass die Totenstarre bereits einsetzen kann und nach dem Aufbrechen nur noch ein kurzes Auskühlen bei Raumtemperatur nötig ist. Moderne Kühlgeräte sind z. T. bereits so eingestellt, dass ein langsames Auskühlen automatisch vollzogen wird und das Wild direkt darin gelagert werden kann.

LAGERUNGSBEDINGUNGEN DER KÜHLGRUPPEN BEI MAXIMAL 5 °C	KÖRPERGEWICHT (kg)	ANZAHL DER TIERE	ANZAHL DER TIERE MIT EINER TIERKÖRPERTEMPERATUR VON MAXIMAL 7 °C NACH:				
			24 h	48 h	72 h	96 h	> 96 h
12 Stunden Lagerung bei max. 10 °C, danach max. 5 °C (stille Kühlung)	7–16	7	2	5	–	–	–
Kühlbeginn innerhalb von							
unverzüglich (passiv bei max. 5 °C und Wind)	7–18	9	8	1	–	–	–
2–3 h (stille Kühlung)	6–19	7	4	2	1	–	–
4–6 h (stille Kühlung)	11–18	3	1	2	–	–	–
7–12 h (stille Kühlung)	9–16	11	8	3	–	–	–
13–24 h (stille Kühlung)	7–17	37	11	17	5	2	2
25–48 h (stille Kühlung)	8–20	21	–	14	6	–	1
49–72 h (stille Kühlung)	4–17	6	–	–	5	–	1

KÜHLFORTSCHRITTE BEI REHWILD NACH DEM ERLEGEN: ZEITDAUER BIS ZUM ERREICHEN EINER TIERKÖRPERTEMPERATUR IM M. SEMIMEMBRANOSUS (OBERSCHENKELMUSKEL) BEI REHEN VON < 7 °C IN VERSCHIEDENEN KÜHLGRUPPEN (HADLOK, 1984)

MYTHOS WILDGESCHMACK

Wild – ein Begriff, der so viele verschiedene Tierarten umfasst, dass es schwerfällt zu glauben, dass all diese Tiere bzw. deren Fleisch einen strengen, ähnlichen Geschmack haben sollen. Ist es etwa das Leben im Wald? Oder die Ernährung dort? Wild- und Hausschwein sind genetisch quasi identisch. Natürlich haben Zucht und auch die unterschiedliche Lebensart Einfluss auf das Fleisch, aber grundsätzlich handelt es sich um die gleiche Tierart. Wie kann es also sein, dass sich das Fleisch von Wild- sowie Hausschwein trotzdem stark unterscheidet? Die Antwort ist so einfach wie ernüchternd: Es handelt sich nicht um Wild-Geschmack, sondern eher um Jagd-Geschmack, hart ausgedrückt auch „Gammel-Geschmack"! Entscheidend ist hier die Art der Fleischgewinnung und der Umgang mit diesem, insbesondere in der Zeit direkt nach dem Schuss. Fleischreife und -verderb sind keine eindeutig voneinander zu trennenden Vorgänge. Wildgeschmack ist der Geschmack, der durch eine zu schnelle bzw. starke Zersetzung des Fleisches entsteht – sowohl durch fleischeigene Enzyme als auch durch Bakterien. Weiterhin ist zu bedenken, dass Wildtiere unter Umständen schon ein paar Jahre alt sind, wenn sie erlegt werden. Ein Hausschwein wird hingegen i. d. R. nur ein paar Monate alt.

REIFEDAUERN

1. Merkregel: Alter des Tieres in Jahren entspricht Reifedauer in Tagen
2. Hausschwein: 24–60 Stunden
3. Rind: mindestens 2 Wochen
4. Kalb: mindestens 7 Tage
5. Lamm: 5 Tage
6. Hammel: mindestens 3 Wochen
7. Geflügel: 36 Stunden
8. Rehwild: 36–48 Stunden bei 7 °C
9. Rot- und Schwarzwild: 2–4 Tage bei 7 °C

Bei niedrigeren Temperaturen verlangsamt sich die Reifung und somit wird mehr Zeit benötigt.

Rindfleisch hängt teils zwei Wochen und länger ab.

Genetisch sind Haus- sowie Wildschweine ähnlich. Dennoch unterscheidet sich das Fleisch in Aussehen und Geschmack.

FLEISCHGESCHMACK – EINFLÜSSE

EINFLUSS DES ALTERS AUF DAS FLEISCH

Jung: hell, weich, saftig

Alt: dunkler, fester, trockener

Die Merkmale eines Stücks Fleisch bzw. der Produkte, die daraus hergestellt werden, werden von verschiedenen Faktoren beeinflusst. Für Rind- oder Schweinefleisch gibt es daher verschiedene Kategorien und vereinheitlichte Vorgehensweisen bei Aufzucht und Verarbeitung, um ein immer gleichartiges und -wertiges Produkt zu erhalten.
Da der Verbraucher gleichbleibende Eigenschaften gewohnt ist, sollte dies auch bei der Verwertung bzw. Auszeichnung von Wildfleisch berücksichtigt werden. Wenn Sie in einer Metzgerei ein Schweinefilet oder ein Lummersteak kaufen, dann wissen Sie schon vorher ziemlich genau, wie es schmecken und sich im Mund anfühlen wird. Das liegt vor allem daran, dass Schweine, deren Fleisch frisch in der Theke verkauft werden soll, i. d. R. mit ca. acht Monaten nach fast immer gleicher Aufzucht und Mast geschlachtet werden. Würde man Ihnen hier ein Stück von einer mehrjährigen Sau unterjubeln, würden Sie das nicht nur optisch erkennen, sondern auch geschmacklich vermutlich eher enttäuscht sein. Je älter ein Tier ist, desto mehr Bindegewebe hat sich im Fleisch gebildet. Die Farbe des Fleisches wird dunkler und sein Vermögen Wasser zu halten schlechter. Das sind tolle Eigenschaften, um Rohwurst und Schinken daraus zu machen, aber nicht, um es kurz in die Pfanne zu legen oder zu grillen. Daher sollten auch wir Jäger – zumindest grob – zwischen jungen und älteren Tieren unterscheiden. Frischfleisch, vor allem für Kurzgebratenes, sollte von jungen Tieren stammen oder entsprechend gekennzeichnet sein. Wer einmal Steaks vom Frischling gekauft hat, wird sich sehr wundern, wenn er das nächstes Mal ein Stück von der alten Bache auf dem Teller hat.
Im Discounter findet man oft Steaks vom Jungbullen, beim Feinkostmetzger von der

Verbraucher sind es gewohnt, abgepacktes Fleisch mit „erwartbarem" Geschmack zu kaufen.

Färse (weibliches Rind, das noch nicht gekalbt hat). Das ist kein Zufall! Weibliche Tiere haben weicheres Bindegewebe (bei Menschen übrigens auch) und ihr Fleisch ist besser marmoriert. Der Genusswert ist somit höher und das Fleisch tendenziell als hochwertiger, da zarter und saftiger zu betrachten. Die Unterschiede kommen zustande, da sowohl der Aufbau des Bindegewebes als auch der Fettansatz stark von (Sexual-)Hormonen beeinflusst werden – und die unterscheiden sich je nach Geschlecht stark. Das Geschlecht und vor allem die entsprechenden (Sexual-)Hormone spielen aber je nach Jahreszeit auch noch eine weitere Rolle bei der Bewertung der Fleischqualität. Wer schonmal einen rauschigen Keiler erlegt oder das Wildbret sogar gebraten hat, weiß, wie ungenießbar Fleisch durch den Einfluss von Hormonen werden kann. Verursacht wird dieses Phänomen des sogenannten Ebergeruchs und -geschmacks vor allem von zwei Stoffen: Androstenon und Skatol. Androstenon ist ein Geschlechtshormon aus den Hoden, Skatol ein Abbauprodukt der Aminosäure Tryptophan im Dickdarm. Beide werden vor allem im Fett gespeichert. Neben Schwarzwild spielt diese Problematik auch bei Hirschen eine große Rolle. Bei Rehwild hingegen wird kaum von negativen Veränderungen während der Brunft berichtet.

Das Fleisch von einem rauschigen Keiler ist ungenießbar.

Beim Rehwild kommt es hingegen zu keiner geschmacklichen Veränderung des Fleisches in der Paarungszeit.

EINFLUSS VON LEBENSRAUM UND ERNÄHRUNG

Die Iberico-Schweine liefern (auch) aufgrund ihrer Ernährung mit Eicheln einen ganz besonderen Schinken. Rindfleisch von Tieren aus Weidehaltung schmeckt anders als jenes von eingestallten Artgenossen. „Du bist, was du isst“ gilt also auch im Tierreich. Tierernährung ist daher auch nicht umsonst ein riesiger Wirtschaftszweig. Verwunderlich ist somit auch nicht, dass Tiere aus unterschiedlichen Revieren bzw. mit unterschiedlichem Nahrungsangebot ein unterschiedliches

UMGANG MIT (POTENZIELL) RAUSCHIGEM WILD

Wie immer sollten auch stark riechende und somit möglichweise „genussuntaugliche“ Keiler schnell und sauber versorgt und anschließend beprobt werden. Manchmal kommt ein strenger Geruch auch nur von der Schwarte des Tieres, weshalb sich eine Kochprobe lohnt. Und wenn der Keiler tatsächlich „stinkt“? Abgegeben werden darf das Fleisch dann nicht mehr. Aber wer sich nicht daran stört, kann das Fleisch großzügig vom Fett befreien und daraus Rohwurst oder Schinken anfertigen (lassen). Der starke Geruch tritt nur beim Erwärmen des Fleischs auf.

Die Nahrung hat auf den Geschmack des Fleisches der Tiere einen entscheidenden Einfluss.

Die Äsung führt bei Wild zu einem einem besonders aromatischem Fleisch.

Fleischaroma entwickeln. Eine abwechslungsreiche Ernährung, die reich an sekundären Pflanzenstoffen ist, wie z. B. die des Rehs, führt zu einem aromatischen Fleisch. Werden viele ungesättigte Fettsäuren aufgenommen, wird das Fett weicher, werden carotinhaltige Nahrungsmittel aufgenommen, wird es gelblich. Bewegung hat ebenfalls einen starken Einfluss auf die Fleischbeschaffenheit. Je stärker die Muskulatur beansprucht wird, umso dunkler und fester wird sie. Wild aus hügelreichen Regionen kann somit dunkleres und festeres Fleisch liefern als solches aus flachen Landschaften.

WILDFETT – WARUM ÄRZTE ES LIEBEN UND METZGER ES HASSEN

Wildtiere fressen i. d. R. wenig Kraftfutter. Sie ernähren sich von „Grünkost" aus der Natur. Diese ist i. d. R. voller ungesättigter Fettsäuren, welche aus ernährungsphysiologischer Sicht als vorteilhaft zu betrachten sind. Einige von ihnen sind essenziell, sprich der Körper kann sie nicht selber herstellen und muss sie daher über die Nahrung zugeführt bekommen. Leider sind solche Fettsäuren relativ instabil und haben einen niedrigen Schmelzpunkt, was dazu führt, dass entsprechende Fette weich sind und schnell verderben. Für die meisten Würste sind diese Eigenschaften wenig hilfreich und solches Fett daher unerwünscht.

FLEISCH: ZUSAMMENSETZUNG UND NÄHRWERTE

Bei der Diskussion über Fleisch und Fleischkonsum wird – vor allem von der Gegenseite – oftmals das Argument vorgebracht, Fleisch sei ungesund. Über Wildfleisch hört man darüber hinaus öfters, es sei gesünder als konventionelles Fleisch. Eine einfache Antwort gibt es aufgrund der Vielzahl der Fleischarten und -produkte sowie Verzehrgewohnheiten nicht. Erst einmal stellt sich die Frage, wie „gesund" überhaupt zu definieren ist. Gesundheit ist nach Definition der WHO der Zustand des vollständigen körperlichen, geistigen und sozialen Wohlbefindens. Gesund ist demnach etwas, was diesen Zustand fördert bzw. ihm zuträglich ist. Inwieweit der Konsum von Fleisch(-produkten) förderlich für das geistige und soziale Wohlbefinden ist, ist sehr individuell zu bewerten. Bezüglich der körperlichen Gesundheit lassen sich allerdings folgende Eigenschaften feststellen:

GESUNDE EIGENSCHAFTEN

Die Zusammensetzung (hoher Proteingehalt, wenig Fett, keine Kohlenhydrate) der Hauptnährstoffe in (Wild-)Fleisch ist als sehr vorteilhaft zu betrachten. Es eignet sich perfekt für eine proteinbasierte und fett- sowie kohlenhydratarme Ernährung, wie sie oft empfohlen wird. Lebensmittel können nach der Wertigkeit ihres Proteingehalts unterschieden werden. Es geht dabei um den Anteil essenzieller Aminosäuren (Proteinbausteine), die der Mensch aufnehmen muss, um eigenes Protein (für Muskeln, Hormone etc.) herstellen zu können. Tierische Lebensmittel enthalten davon i. d. R. mehr als pflanzliche. Wir Menschen können Eiweiß aus Fleisch also besser verwerten als z. B. aus Linsen. Angaben über die Werte bei konventionellem Fleisch schwanken zwischen 80 und 90. Vereinfacht gesagt können somit aus 100 g verzehrtem Protein 80–90 g neues Protein im Körper aufgebaut werden. Fleisch von Wiederkäuern schneidet dabei etwas besser ab als Schweine- und Geflügelfleisch. Diese Erkenntnisse lassen sich auf Wildtiere übertragen, wobei es hier je nach Lebensraum und Jahreszeit aufgrund der ggf. unterschiedlichen Ernährung zu Schwankungen kommen kann. Kleinere Studien untermauern diese These und zeigen zudem, dass Wildtiere hier noch etwas besser abschneiden als Rind und Schwein. Insbesondere der Unterschied zwischen Wild- und Hausschwein war hier deutlich

Linsen enthalten zwar viele Proteine, das Eiweiß aus Fleisch ist für uns Menschen jedoch leichter zu verwerten.

Fleisch von unseren freilebenden Wildarten hat in der Regel einen sehr niedrigen Fettanteil.

zu erkennen (*NUTRITION VALUE OF WILD ANIMAL MEAT Vita Strazdiòa, Aleksandrs Jemeïjanovs, and Vita Đterna*). Auch wenn Fett mittlerweile zurecht seinen schlechten Ruf verliert, achten trotzdem immer noch viele Menschen auf eine fettarme Ernährung. Da, anders als bei domestizierten Tieren, Wildtiere nie auf einen guten Fettansatz und Marmorierung gezüchtet wurden, weist ihr Fleisch – bei normaler Ernährung – einen sehr geringen Fettgehalt auf.

Die Zusammensetzung des Fetts hängt stark von der Ernährung eines Tieres ab und hat großen Einfluss darauf, wie „gesund“ Fett ist. Besteht es z. B. zu großen Teilen aus ungesättigten und vor allem essenziellen Fettsäuren – also solchen, die wir aufnehmen müssen –, ist es grundsätzlich als hochwertig zu betrachten. Stimmt das Verhältnis von Omega-3 zu Omega-6-Fettsäuren (beide sind essenziell; wichtig ist dabei allerdings, dass deutlich mehr Omega-3 als Omega-6 aufgenommen wird) darüber hinaus, kann hier auf jeden Fall von „gesundheitsfördernden Eigenschaften“ gesprochen werden. Wildfleisch kann dies bei entsprechender Ernährung nachweislich vorweisen. Dennoch rate ich bei allgemeinen Aussagen zu Wildfleisch zu Vorsicht. Im Rahmen meiner Recherchen zu diesem Buch bin ich auf viele Aussagen gestoßen, für die es kaum oder lediglich sehr kontroverse Quellen gibt. Da Wildfleisch leider nur selten Gegenstand groß angelegter Forschungsreihen ist, basieren viele Aussagen auf logischen Herleitungen oder sehr klein angelegten Studien.

Bleihaltige Geschosse können Wildfleisch mit Blei kontaminieren.

POTENZIELL UNGESUNDE EIGENSCHAFTEN

Aufgrund der Gegebenheiten im Wald und auf der Jagd bzw. bei der Erstversorgung des Wildes, ist grundsätzlich von einem höheren Keimgehalt auf dem Fleisch von Wildtieren als auf dem von klassisch geschlachteten auszugehen. Auch bei bestem Handling sind die hygienischen Zustände in einer kleinen Wildkammer sicher nicht mit denen eines professionellen Fleischereibetriebs gleichzusetzen – ganz zu schweigen davon, wenn nicht 100 % sauber und gewissenhaft gearbeitet wird. Somit muss immer angenommen werden, dass Wildbret vergleichsweise stärker mit Keimen belastet ist und so z. B. beim Rohverzehr ein Gesundheitsrisiko darstellen könnte. Blei kann bereits bei geringen Konzentrationen im Körper erheblichen gesundheitlichen Schaden anrichten. Vor allem für Schwangere und Kinder gilt es daher, die Aufnahme von Blei auf das größtmögliche Maß zu reduzieren. Offizielle Studien belegen, dass Wildfleisch – wie viele Lebensmittel – grundsätzlich geringe (zulässige) Mengen Blei beinhaltet, aber bei der Jagd mit bleihaltiger Munition auch einen stark erhöhten Wert aufweisen kann. Hierbei kommt es je nach Nähe zum Schusskanal und Munitionsart zu großen Unterschieden. Für Wildfleisch und Produkte daraus ist bisher kein zulässiger Höchstgehalt für Blei festgelegt. In Österreich wird bei der Beurteilung mit einem sogenannten „Aktionswert“ von 0,25 mg/kg gearbeitet. In einer Studie des LAVES (Niedersächsisches Landesamt für Verbraucherschutz und Lebensmittelsicherheit) kam heraus, dass bei Proben, die zwischen 2018 und 2020 genommen wurden, bei einem großen Teil – in 82 der 89 Proben – Blei nachgewiesen werden konnte. Bei etwa 60 %

lag der Bleigehalt dabei allerdings unter 0,1 mg/kg, einer Menge, die auch bei Fleisch von Rind, Schwein und Co. zulässig ist. In 27 Proben lag der Gehalt über 0,25 mg/kg. Sieben davon lagen zwischen 10 und 100 mg/kg, drei sogar über 100 mg/kg.

RADIOAKTIVITÄT

Seit der Reaktorkatastrophe im ukrainischen Kernkraftwerk Tschernobyl im April 1986, sind durch den Austritt und die Verteilung radioaktiven Materials weite Teile Deutschlands mehr oder weniger stark kontaminiert. Nach nunmehr über 30 Jahren ist von den künstlichen Radionukliden nur noch das langlebige Cäsium-137 mit einer Halbwertszeit von gut 30 Jahren relevant. Besonders betroffen ist vor allem der Südosten Deutschlands. Hier, aber auch in anderen Gebieten der Republik gibt es Landstriche bzw. Zentren mit besonders hoher Belastung.

Durch die unterschiedliche Kontamination der Böden und dem variierenden Anreicherungsvermögen von Pflanzen und Pilzen, ergibt sich eine variierende Belastung der

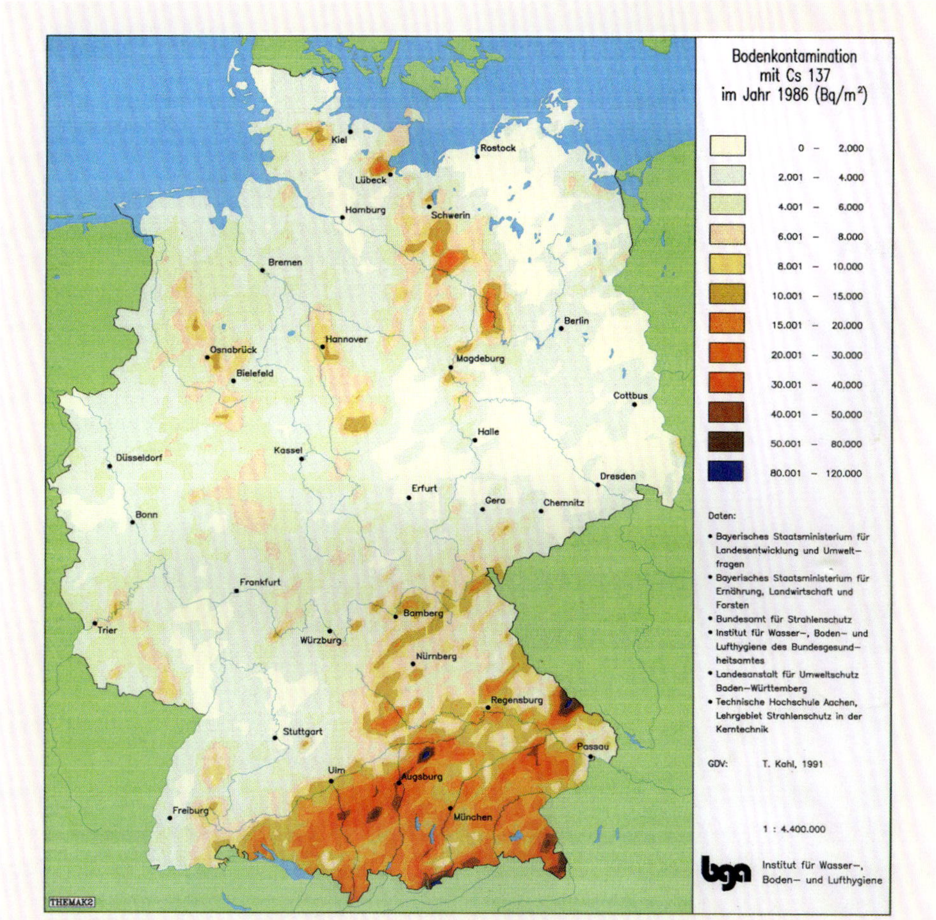

Durch die Reaktorkatastrophe in Tschernobyl wurden einige Gebiete Deutschlands teils stark radioaktiv belastet.

HIRSCHTRÜFFEL
Hirschtrüffel (*Elaphomyces*) sind eine Pilzgattung, die über 60 Arten umfasst. Sie bilden unterirdisch wachsende Fruchtkörper, welche besonders viel Cäsium-137 anreichern.

Nahrung der Wildtiere. Demnach ergeben sich auch Unterschiede in der Belastung des Fleisches der Tiere, stark abhängig von der jeweiligen Ernährungsweise. Da beliebte Nahrungspilze des Schwarzwilds – wie solche der Gattung Hirschtrüffel – besonders hohe Belastungen aufweisen, weist das Fleisch von Wildschweinen im Vergleich zu anderen Wildtieren auch die stärkste Belastung auf. Auch Wildbret anderer Wildarten kann belastet sein, allerdings werden hier keine Höchstwertüberschreitungen festgestellt.

Hirschtrüffel lagern besonders viel Cäsium-137 ein.

Insbesondere Wildschweine nehmen durch das Wühlen im Boden immer wieder radioaktiv belastete Nahrung auf.

Der Grenzwert für eine radioaktive Belastung von Lebensmitteln, die in Deutschland in den Handel gelangen sollen, liegt bei 600 Bq/kg. In einigen besonders kontaminierten Regionen wurde die Untersuchung von Schwarzwild für jedes Stück angeordnet oder zumindest eine entsprechende Infrastruktur zur Verfügung gestellt, grundsätzlich herrscht dazu in Deutschland allerdings keine Pflicht.

Als Lebensmittelunternehmer ist der Jäger aber dennoch dafür verantwortlich, dass das von ihm in Verkehr gebrachte Wildfleisch die Grenzwerte nicht überschreitet. In besonders stark belasteten Regionen sollte Schwarzwild bzw. das Fleisch davon in jedem Fall überwacht werden. Die Belastung kann jedoch innerhalb der Population und auch– je nach Zeitpunkt der Nahrungsaufnahme (und wieder -ausscheidung) und der Erlegung – beim einzelnen Stück variieren. Eine Grenzwertüberschreitung bedeutet also kein grundsätzliches Verwertungsverbot für ein ganzes Revier. Darüber hinaus ist der Verzehr immer in Relation zu anderen Belastungsquellen zu sehen. Langstreckenflüge bedeuten z. B. eine wesentlich stärkere radioaktive Belastung als das Verspeisen einer Mahlzeit mit Grenzwertüberschreitungen. In Risikoregionen sollten Sauen vor allem in Mastjahren im Herbst erlegt werden, da dieses Futter eine vergleichsweise geringe radioaktive Belastung aufweist und das Fleisch somit weniger bis kaum kontaminiert ist. Weitere Informationen hält das Bundesamt für Strahlenschutz bereit.

LAGERUNG & HALTBARKEIT

Die Geschwindigkeit des Verderbs von Fleisch korreliert sehr stark mit dem Ausgangskeimgehalt und der Temperatur. Beides sollte für eine optimale Haltbarkeit möglichst tief sein. Wild ist unmittelbar nach dem Aufbrechen so zu lagern, dass es gründlich auskühlen und in den Körperhöhlen abtrocknen kann. Wird Kleinwild nicht direkt ausgeweidet, ist es unmittelbar nach dem Erlegen zu kühlen. Unter Berücksichtigung der Cold-Shortening-Problematik (siehe Abschnitt „Reifefehler"), sind die Tierkörper alsbald auf Innentemperaturen von 7 °C bei Großwild und 4 °C bei Kleinwild abzukühlen. Nebenprodukte wie Leber etc. sollen auf einer Temperatur von max. 3 °C gehalten werden. Wild in der Decke oder im Federkleid darf dabei nicht das Fleisch von erlegtem Wild berühren – weder bei der Lagerung noch beim Transport. Generell sind unverpacktes Fleisch, verpacktes Fleisch und nicht gehäutete Wildtierkörper getrennt voneinander zu lagern und zu behandeln. Wichtig ist auch, dass sich Fleisch verschiedener Tierarten – z. B. bei der Zerlegung und Verarbeitung in einer Fleischerei – nicht berührt.

KÜHLSCHRANK IST NICHT GLEICH KÜHLSCHRANK

Die meisten Kühlschränke haben einen Temperaturregler und können demnach unterschiedlich eingestellt sein. Zudem unterscheidet sich auch innerhalb des Kühlschranks die Temperatur je nach Fach um z. T. mehrere Grad Celsius. Fleisch in einem relativ warm eingestellten, älteren und oft benutzten Kühlschrank, der dazu vielleicht auch nicht allzu oft gereinigt wird, ist so weniger lang haltbar als Fleisch, das konstant und sauber bei 2 °C gelagert wird.

DIE WILDKÜHLUNG IST KEINE GETRÄNKEKÜHLUNG

Oft sieht man die vermeintlich praktische Zweckentfremdung der Kühlkammer als Getränkelager. Auch wenn ein kaltes Getränk nach der Jagd besonders gut schmeckt, sollte es besser aus einem anderen Kühlschrank kommen. Neben dem grundsätzlichen Keimeintrag, den man durch die Getränkekiste in der Wildkammer hat, sind hier vor allem die leeren Flaschen, die zurück in der Kiste landen das Problem. Dort bildet sich z. B. schnell Schimmel, welcher sich dann über die Luft verteilt und auf dem Wildkörper bzw. dem Fleisch landet.

Lebern und andere Innereien sollten bei maximal 3 °C gelagert werden.

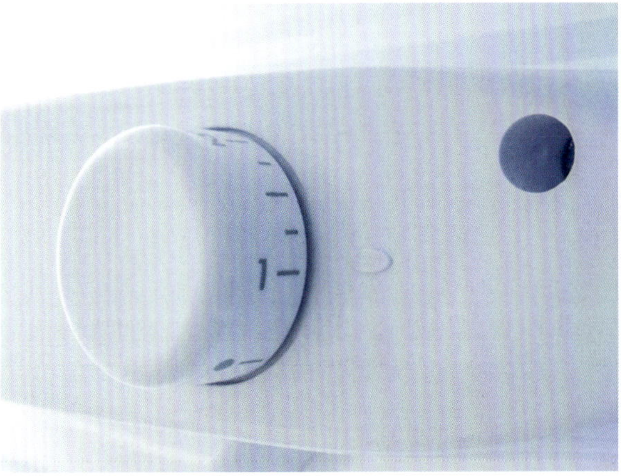

In der Regel kann die Temperatur an einem Kühlschrank eingestellt werden.

Bedenken Sie auch, dass Ihren Kunden ggf. das Fachwissen fehlt, Fleisch richtig zu transportieren und zu lagern. Zudem können die Lager- und Kühlmöglichkeiten unhygienischer sein. Bedenken Sie dies bei der Wahl eines Mindesthaltbarkeits bzw. -verbrauchsdatums und sprechen Sie mit Ihren Kunden über die Wichtigkeit einer durchgehenden Kühlkette. Warum verkaufen Sie nicht gleich bedruckte Kühltaschen mit?

WILD EINFRIEREN

Rein rechtlich gesehen, darf erlegtes Großwild nicht mitsamt der Decke bzw. Schwarte eingefroren werden. Unausgeweidetes sowie ungerupftes Federwild darf ebenfalls nicht im Froster gelagert werden. Doch wie wird Fleisch nun richtig eingefroren? Nachfolgend eine Anleitung

1. **Große Fleischstücke nehmen:** Je größer die Oberfläche (im Verhältnis zum Volumen) ist, an der Austrocknung oder oxidative Prozesse geschehen können, umso begrenzter ist die Lagerfähigkeit und höher die potenziellen Qualitätseinbußen. Daher lieber mittelgroße Fleischstücke nehmen und nach dem Auftauen zu Gulasch oder Hack verarbeiten, als dieses direkt einzufrieren. Zu große Stücke brauchen natürlich wiederum länger um durchzufrieren.
2. **Fleisch einvakuumieren:** Gefrierbrand, also das „Austrocknen“ im gefrorenen Zustand, ist irreversibel. Das Fleisch verändert seine Struktur an den betroffenen Stellen, es kann kein Wasser mehr halten und wird trocken. Gesundheitsschädlich ist dies in der Regel nicht, schmecken tut es aber auch nicht! Eine enganliegende undurchlässige Verpackung hilft dies zu verhindern. Idealerweise vakuumiert man das Fleisch dazu ein.
3. **Schnell & möglichst kalt einfrieren:** Das größte Problem beim Einfrieren ergibt sich aus der Tatsache, dass das Wasser bzw. die Flüssigkeit im Fleisch ungleichmäßig zu Eis kristallisiert. Beim langsamen Einfrieren gefriert zuerst das Wasser zwischen den Zellen, also den Muskelfasern. Zurück bleibt Flüssigkeit mit einer hohen Konzentration an gelösten Stoffen. Diese ist höher als im Inneren der Zellen, ergo wird diesen durch Osmose Wasser entzogen, was sich wiederum an den bereits gebildeten Eiskristallen anlagert. Die scharfen Kanten der gebildeten Kristalle wirken sich ebenfalls nicht besonders positiv auf die Zellstruktur aus. Ergebnis: große Eiskristalle zwischen den Zellen und ausgedörrte, geschrumpfte, teils zerstörte Muskelfasern. Beim Auftauen läuft das in den Eiskristallen gesammelte Wasser dann einfach aus dem Fleisch und dieses wird trocken und zäh.
   Beim schnellen Einfrieren, also bei besonders tiefen Temperaturen, frieren die Flüssigkeiten zwischen und in den Zellen fast zeitgleich und bilden im ganzen Fleisch verteilt viele kleine Eiskristalle. Entsprechend mehr Flüssigkeit verbleibt beim Auftauen im Fleisch und ergo bleibt das Fleisch saftiger. Idealerweise

Tiefkühltruhen erreichen regelmäßig bis –20 °C. Hier kann Fleisch gut eingefroren und damit gelagert werden.

kühlt man das Fleisch bereits im Kühlschrank im unteren Bereich (dort ist es am kältesten) vor. Ein weiterer Vorteil besonders niedriger Temperaturen ist, dass ein größerer Teil des gefrierbaren Wassers in Eis verwandelt wird. Man kennt das Phänomen von Salzwasser – es braucht tiefere Temperaturen, um zu gefrieren. Ähnlich ist es mit der Flüssigkeit im Fleisch. In dieser sind viele Stoffe gelöst und entsprechend niedriger muss die Temperatur sein, um das komplette Fleisch durchzufrieren. Erst bei unter −65 °C ist ein vollständiges Durchfrieren erreicht. Bei −20 °C werden immerhin schon weit über 80 % gefroren, bei −5 °C gefrieren allerdings bereits schon nur noch knapp ¾ des Wassers im Fleisch. Dies und die Tatsache, dass bestimmte Keime und Enzyme im Fleisch auch bei leichten Minustemperaturen noch aktiv sind, ist der Grund, warum Fleisch bei unterschiedlichen Temperaturen unterschiedlich lange haltbar ist. Die Tiefkühltruhe im Keller hat oftmals −18 °C, das Eisfach im Kühlschrank leider manchmal nur ein paar Grad unter 0 °C!

4. **Temperatur konstant halten:** Ein weiterer Grund für Gefrierbrand und einen Qualitätsverlust des Fleisches sind häufige Temperaturwechsel. Dies beginnt mit häufigem Öffnen der Tür des Gefrierschranks und gipfelt in ungekühlten Transporten, bei denen das Fleisch antaut und wieder eingefroren wird. Jedes Mal wird Wasser frei, das entweder trocknet bzw. verdunstet (Gefrierbrand) oder wieder langsam anfriert (große Kristalle und trockenes Fleisch). Wichtig ist zudem, dass das Fleisch erst nach Abschluss der Fleischreife eingefroren wird. Anderenfalls erhält man schnell ein zähes und trockenes Stück. Wenn man diese Punkte beim Einfrieren beachtet bzw. sichergehen kann, dass der Anbieter dies beachtet hat, kann man auch sorgenfrei

Durch Gefrierbrand kann eingefrorenes Fleisch unbrauchbar werden.

zu einem tiefgekühlten Stück Wild greifen. Die Haltbarkeit ergibt sich neben der Temperatur übrigens auch aus dem Fettgehalt. Oxidativer Fettabbau und die Aktivität von fettspaltenden Enzymen werden auch bei sehr tiefen Temperaturen nicht gänzlich gehemmt. Hier spielt übrigens auch Licht eine Rolle – also Tür zu. Je fetter das Fleisch ist, umso höher sind die Auswirkungen und entsprechend kürzer die Haltbarkeit. Hier geht es zu Beginn eher um Geschmackseinbußen als um die Sicherheit des Lebensmittels. Ist ein Stück Fleisch allerdings richtig ranzig geworden, sollte es nicht mehr verzehrt werden.

WILD RICHTIG AUFTAUEN

Das Auftauen ist grundsätzlich relativ einfach. Idealerweise packt man das Fleisch aus der Folie bzw. Verpackung aus, legt es auf ein Abtropfgitter und lässt es langsam (also z. B. im Kühlschrank) auftauen. Beim langsamen Auftauen kann sich aus den Zellen abgegebene Flüssigkeit wieder (zumindest etwas) in den Muskelfasern verteilen und die wieder aktiv werdenden Keime können sich nicht so schnell vermehren wie bei Zimmertemperatur. Das Abtropfgitter ist wichtig, da das Wasser, das das Fleisch verliert, der ideale Nährboden für Keime ist und das Fleisch daher nicht unbedingt darin verbleiben sollte. Dennoch sollte das Fleisch abgedeckt werden, damit es keine Gerüche vom Kühlschrank aufnimmt oder zu sehr austrocknet.

Tiefgefrorenes Fleisch hält sich deutlich länger als im Kühlschrank.

HALTBARKEIT

An dieser Stelle ist es wichtig, sich noch einmal ins Gedächtnis zu rufen, dass Sie als Lebensmittelunternehmer die Verantwortung für die Sicherheit der von Ihnen in Verkehr gebrachten Lebensmittel tragen. Dies beinhaltet auch den Zeitraum nach dem Verkauf, indem das Fleisch Ihren Angaben nach noch sicher ist. Geben Sie daher lieber ein kürzeres Mindesthaltbarkeitsdatum an und erklären Sie dem Kunden, dass er z. B. die Kühlkette nicht unterbrechen darf und wie er das Fleisch am sichersten lagert.
Das Mindesthaltbarkeitsdatum soll dabei angeben, bis zu welchem Datum ein Lebensmittel sicher verzehrbar ist und seine spezifischen Eigenschaften wie Geschmack, Geruch, Beschaffenheit, Nährwerte, Farbe und Konsistenz erhalten bleiben. Wie bereits zuvor beschrieben, gibt es dabei verschiedene Prozesse, die dazu führen können, dass das Fleisch(-produkt) diese Eigenschaften nicht mehr besitzt. Da hier mehrere Faktoren eine Rolle spielen, findet man auch z. T. recht unterschiedliche Angaben und Empfehlungen zur Haltbarkeit. Folgende Kombinationen aus Lagertemperatur und Haltbarkeit werden am häufigsten angegeben:

Gekühlt bei 7 °C:
1. Frisches Fleisch: wenige Tage
2. Hackfleisch: maximal 1 Tag
3. Gulasch, Geschnetzeltes etc.: 1–2 Tage
4. Geflügel: 1–2 Tage
5. Innereien: 1–2 Tage
6. Brüh- und Kochwurst (offen): 3–5 Tage
7. Fertiggericht/gegarte Speisen: 2–3 Tage

Wird frisches Fleisch vakuumiert und bei tieferen Temperaturen (0–2 °C) gelagert, können Sie eine deutlich höhere Haltbarkeit angeben. Die meisten Kunden haben ihre Kühlschränke jedoch nicht entsprechend niedrig eingestellt.

Tiefgefroren –18 °C:

1. Mageres Fleisch: 12–18 Monate
2. Fettes Fleisch: 3–6 Monate
3. Geflügel: 8–10 Monate
4. Frischwurst: 3 Monate
5. Dauerwurst: 6 Monate
6. Schinken: 3–6 Monate
7. Fertiggerichte: 2 Monate
8. Knochen: 3–6 Monate
9. Hackfleisch: 2 Monate

Die zuvor angegebenen Daten bezüglich der Haltbarkeiten sind Richtwerte. Die wirkliche Haltbarkeit des Fleisches hängt von einigen Faktoren ab und kann sich daher von Fleischstück zu Fleischstück stark unterscheiden. So ist beispielsweise das Fleisch eines schnell aufgebrochenen Stückes vom Winteransitz länger haltbar als Fleisch von einem schlecht geschossenen Stück von einer Drückjagd. Hier sollte die Haltbarkeitsspanne allerdings nicht für den ersteren Fall erhöht, sondern für den letzteren (stark) verringert werden. Je größer ein Stück Fleisch ist, desto kleiner ist die Oberfläche im Verhältnis zur Gesamtmasse. Da der bakterielle Verderb vor allem an der Oberfläche stattfindet, hat dieses Verhältnis einen großen Einfluss auf die Haltbarkeit. So ist fertig geschnittenes Gulasch kürzer haltbar als z. B. die Oberschale im Ganzen. Den Extremfall stellt hier natürlich Hackfleisch dar. Die Oberfläche ist hier durch die starke Zerkleinerung dermaßen vergrößert, dass es noch am selben Tag und nur gut durcherhitzt verzehrt werden darf. Soll Fleisch tiefgekühlt werden, sollte es in jedem Fall vakuumiert werden. Aber auch für die Abgabe als gekühltes

Gefrorerens Hackfleisch hält sich bei einer Lagertemperatur von –18 °C etwa zwei Monate.

Fleisch ist das Einvakuumieren sehr zu empfehlen. Durch den Sauerstoffausschluss und die Vermeidung weiterer Kontamination hält das Fleisch so länger als z. B. in einer losen Tüte verpackt. Je tiefer die Temperatur, desto länger die Haltbarkeit. Der einvakuumierte Rehrücken hält bei 2 °C einige Tage länger als bei den angegebenen 7 °C. Trotz aller berechtigter Sorge, gibt es auch vermeintliche Warnsignale, die oft falsch verstanden werden. Schildern Sie Ihrem Kunden also folgende beiden Phänomene, damit er nicht fälschlicherweise von einem Verderb ausgeht und gutes Fleisch entsorgt!

> Auch tiefgefühlt verdirbt Fleisch! Bei Temperaturen nahe dem Gefrierpunkt kommen nicht alle Prozesse zum Erliegen und selbst bei den vorgeschriebenen –18 °C verdirbt Fett mit der Zeit. Die Haltbarkeit bei tiefgekühlten Produkten variiert daher mit dem Fettgehalt. Außerdem ist zu beachten, dass der Vitamingehalt mit der Kühldauer z. T. drastisch sinkt.

Braune Farbe: Der Kunde hat gelernt: Fleisch soll kräftig rot leuchten und damit Frische signalisieren. Die Farbe hängt

Das Lagern im Vakuum bringt viele Vorteile mit sich.

allerdings stark von der Umgebung ab. Sauerstoff lässt Fleisch schön rot erstrahlen, wird beim Vakuumieren allerdings „ausgeschlossen“ und kann diesen Effekt daher nicht mehr hervorrufen. Verpacktes Fleisch kann daher recht farblos aussehen und ist trotzdem noch problemlos genießbar.

Vakuumgeruch: Wird Fleisch im Vakuum gereift, geht damit eine hohe Aktivität von Milchsäurebakterien und die Produktion von Milchsäure durch diese einher. Dies ist ein gewünschter Effekt, sorgt beim Öffnen der Verpackung allerdings für einen etwas ungewöhnlichen Geruch. Dieser verfliegt jedoch nach dem Auspacken und ist kein Anzeichen von Verderbnis.

ZUSCHNITTE & FLEISCHTEILE

Beim Zuschnitt und der Bezeichnung einzelner Fleischteile, sollte man sich an den etablierten Cuts und Begriffen der Fleischer orientieren. Diese sind dem Kunden bekannt und haben sich in der Fleischverarbeitung bewährt. Vergleichbar wären hier Reh mit Lamm, Hirsch mit Kalb/Rind und natürlich Wildschwein mit Schwein. Bei Wildgeflügel kann wie mit klassischem Geflügel verfahren werden, wobei sich bei den kleineren Arten vor allem die Abgabe im Ganzen anbietet.

ZERLEGUNG

Rind und Schwein werden nach der Schlachtung halbiert (senkrecht) und später in Vorder- und Hinterviertel zerteilt. Aufgrund der geringeren Größe von Wildtieren, ist dies bei diesen nicht nötig und wird i. d. R. auch nicht praktiziert. Für eine vereinfachte Feinzerlegung empfiehlt sich aber auch hier, das Wild in Viertel zu teilen, also Schultern sowie Rücken und Keulen. Je größer das Tier, umso

Bei der Schlachtung von Rindern und Hausschweinen ist es gängig, die Tiere nach der Schlachtung in Hälften zu teilen.

mehr einzelne Teilstücke können ausgelöst werden. Bei der Verwendung muss allerdings unbedingt das Alter des Tiers berücksichtigt werden. Die folgenden Beispiele sind an klassischen Cuts aus der Fleischerei orientiert und beziehen sich auf klassisch gehaltene Nutztiere. Insbesondere bei Kurzgebratenem muss deshalb darauf geachtet werden, dass die Stücke Wild nicht zu alt waren.

Teilstücke beim Wildschwein und deren Verwendung

1. Bäckchen: Schmorstück, Verarbeitungsfleisch
2. Zunge: Wurst, Gulasch
3. Nacken: Pulled Boar, Steaks, Kasseler, Rollbraten
4. Dicke Rippe: Braten, Schmorfleisch
5. Eisbein: Kochfleisch, Grillhaxe
6. Schulter: dickes Bugstück und Schaufelstück als Braten bzw. Gulasch oder für Vordersaftschinken
7. Bauch: Kochfleisch, Kurzbratstück, gepökelt als Bauchspeck
8. Wamme: Produktionsfleisch
9. Rückenfett: fetter Speck
10. Kotelett: am Knochen oder ausgelöst und Schälrippchen, Kurzbratstück, Kasseler, Lachsschinken, Baby Back Rips
11. Filet: Kurzbratstück
12. Oberschale: Schnitzel, Rouladen, Gulasch, Kochschinken, Rohschinken
13. Unterschale: Schnitzel, Rouladen, Gulasch, Kochschinken, Rohschinken
14. Nuss: Schnitzel, Gulasch, Nussschinken, Braten
15. Hüftstück/Schinkenspeck: Braten, Steaks, Schinkenspeck
16. Fett: Rücken, Fettbacke

Teilstücke bei Reh, Muffel und Gams und deren Verwendung

1. Hals und Kamm: Gulasch
2. Schulter: Gulasch, Braten
3. Brust: Gulasch
4. Kotelett: ausgelöste oder am Knochen, Kurzbratstück, Braten
5. Filet: Kurzbratstück, Fondue
6. Keule: Schnitzel, Braten, Saftschinken
7. Dünnung: Rollbraten

Ein Wildschwein ist zerlegt. Nun können die einzelnen Fleischteile in Portionen verpackt werden.

Teilstücke bei Dam- und Rotwild und deren Verwendung

1. Hinterhaxe: Ossobuco, Gulasch
2. Oberschale: Wiener Schnitzel, Geschnetzeltes
3. Unterschale: wie Oberschale, etwas gröber
4. Rolle: Medaillons, Braten
5. Hüfte: Steaks, Braten
6. Nuss: Braten, Schnitzel, Gulasch
7. Tafelspitz: Suppenfleisch, Steaks
8. Dünnung: Frikasse, Rollbraten
9. Rücken: Steaks, Braten
10. Filet: Kurzbratstück, Fondue
11. Vorderhaxe: Gulasch
12. Hals: Gulasch
13. Brust: Brisket, Pastrami
14. Schulter: Braten

Wildgeflügel

1. Brust: Kurzbratstück, Braten
2. Im Ganzen: Braten

GULASCH

Grundsätzlich eignen sich viele Abschnitte zur Zubereitung von Gulasch. Unterscheidet man hierbei in zwei Kategorien, kann man sowohl den Genusswert des Endprodukts als auch die Ausbeute beim Zerlegen erhöhen. Je nachdem, ob das Gulasch nur relativ kurz oder lang geschmort wird, kann man in „Edelgulasch" und „Schmorgulasch" unterscheiden. Der Unterschied dabei ist der Anteil an Bindegewebe im Fleisch. Während man für edleres Gulasch magere und sehnenärmere Teile wie fleischige Abschnitte aus der Schulter oder der Keule nimmt, kann man auch sehnigere Fleischstücke z. B. aus dem Bein nutzen, wenn diese lange geschmort werden. Auch wenn ersteres als hochwertiger betrachtet wird, bekommt man aus zweiterem, dem sehnigen Fleisch, bei ausreichend langer Garzeit das bessere Gulasch. Grund ist, dass sich das Kollagen des Bindegewebes (was das Fleisch bei kurzem Erhitzen zäh macht) durch langes Schmoren in Gelatine verwandelt und das Fleisch so butterzart und saftig macht. Verkaufen Sie Ihrem Kunden das jeweilige Gulasch also mit der passenden Erklärung. „Edelgulasch" aus fleischigen Teilen aus der Schulter und Keule für eine schnellere Zubereitung, aber ein etwas trockeneres Gulasch – „Schmorgulasch" aus sehnigen Abschnitten für ein saftiges Gulasch, das allerdings wesentlich länger schmoren muss.

Wildgeflügel kann entweder im Ganzen genutzt werden oder der Jäger schneidet das Brustfleisch heraus.

Im „Edelgulasch" (links) ist wenig Bindegewebe enthalten. Es eignet sich deshalb für das kurze Schmoren.

GROB ZERWIRKEN

Beim groben Zerlegen wird der Tierkörper nach dem Abschwarten bzw. Aus-der-Decke-Schlagen in relativ große Teile zerlegt. Diese können im Nachgang selbstverständlich in noch kleinere Fleischpartien zerlegt werden. Ob dies geschieht, hängt zum einen von der Wildart ab und zum anderen kommt es darauf an, wie das Fleisch zubereitet werden soll. Beispielsweise werden die Keulen beim Rehwild häufig im Ganzen genutzt, weil sich dies aufgrund ihrer verhältnismäßig geringen Größe anbietet. Die Keule eines Rothirsches werden wiederum die wenigsten im Ganzen zubereiten können. Beim groben Zerwirken wird wie folgt vorgegangen:

1. Schulter abtrennen
2. Lauf wird zu Seite gezogen, am Brustkorb entlang Richtung Rücken schneiden
3. Auf Höhe des Rückens abtrennen, dabei nicht in den Rücken schneiden
4. Bauchlappen und Rippen abtrennen
5. Bauchlappen entlang der Keule bis kurz über Rückenmuskel einschneiden
6. Parallel zum Rücken bis zu den Rippen schneiden
7. Rippen mit Knochenschere auf Höhe des zuvor gemachten Schnitts abtrennen
8. Hals abtrennen
9. Keulen abtrennen
10. Filets auslösen
11. Rücken von Beckenknochen trennen
12. Keulen von Becken lösen

Keine Frage, es gibt unter den Wildliebhabern auch Fans von Innereien auf dem Teller. Doch Wild-Innereien sind ein heikles Thema. Vom Verkauf kann ich persönlich nur abraten. Innereien sind hochverderblich und z. T. belastet. Vor allem bei älteren Tieren kann der Geschmack zudem sehr intensiv bis herb sein.

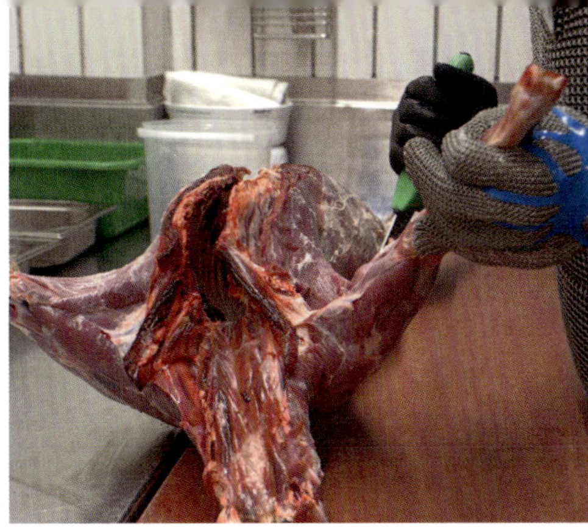

Zunächst werden beidseitig die Vorderläufe inklusive der Schultern vom Wildkörper getrennt.

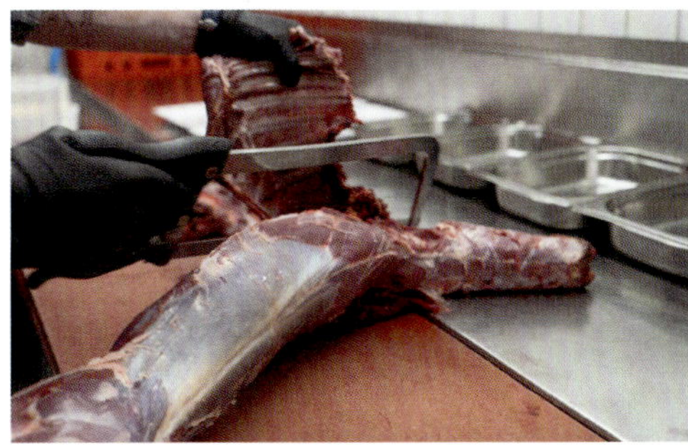

Nachdem die Bauchlappen vom Wildkörper getrennt wurden, werden die Rippen auch abgetrennt.

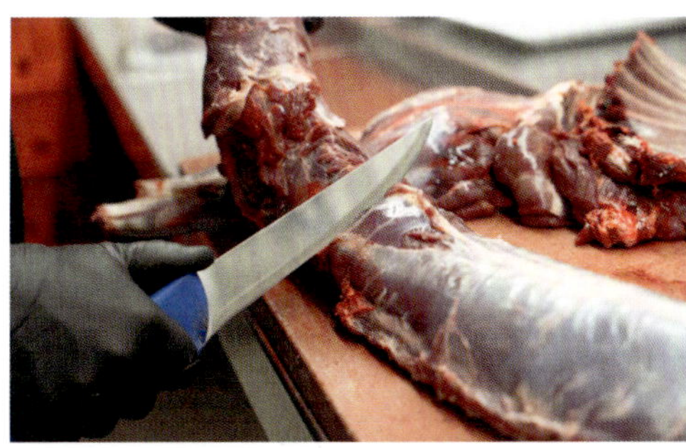

Dann wird der Hals vom Rücken getrennt.

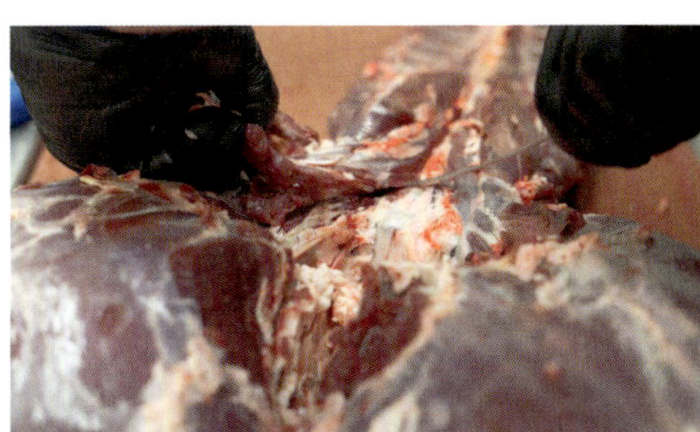

Anschließend den Rücken mitsamt den Keulen umdrehen und die innenliegenden Filets auslösen.

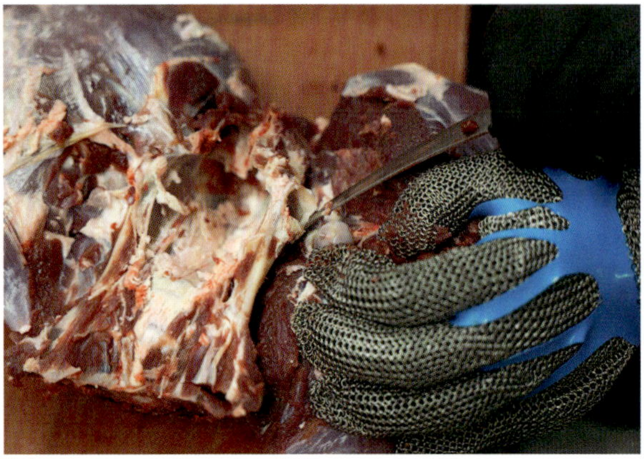

Nachdem die Keulen vor der Hüfte vom Rücken abgetrennt wurden, werden beide Keulen vom Hüftknochen gelöst.

Danach wird der Rücken ausgelöst, sodass die beiden Muskelstränge vom Knochen gelöst werden.

Dann wird die Silberhaut von den beiden Rückensträngen entfernt.

VERWENDUNG UND VERWERTUNG SCHULTER

Grundsätzlich unterscheidet man bei Muskeln zwischen langfaserigen und kurzfaserigen Muskelstücken. Durch die starke Beanspruchung der vorderen Muskulatur und generell des Bewegungsapparates gehört die Schulter zu den Muskeln der langfaserigen Musekelstrukturen und hat einen höheren Sehnen- und Bindegewebsanteil als beispielsweise die Keule oder das Rückenstück. Die Schulter kann grob in vier Stücke unterteilt werden:

1. Bein bzw. Wadenmuskulatur: sehr hoher Sehnen- und Bindegewebsanteil
2. Falsches Filet: mageres Stück, mittelgroße Sehne, die das Fleisch mittig durchzieht
3. Schildstück: flaches, mageres Stück, ebenfalls mit einer Sehne, die das Fleisch mittig durchzieht
4. Bugstück: dickeres Stück, mit einer kleineren Sehne, die das Fleisch quer durchzieht

Grundsätzlich sollte die Schulter als klassisches Schmorstück behandelt werden. Durch Reifung und Entfernen von Sehnen besteht jedoch die Möglichkeit, aus Teilen der Schulter auch Steaks zu schneiden. Nimmt man das Schildstück, entfernt die Knochenhaut sowie die mittig liegende Sehne, kann man dieses Stück auch zum Kurzbraten verwenden (Flat Iron). Selbstverständlich sind solche Cuts nur bei größeren Tieren umsetzbar.
Durch den Blattschuss wird eine oder manchmal auch beide Schultern „zerstört". Bei einem gesplitterten Knochen muss dieser großzügig entfernt werden sowie die anliegenden Einblutungen in den Muskel, da diese nicht weiter verwertbar sind! Nach Entfernen des Knochens sowie Bluts bietet sich die

Möglichkeit, die Schulter als Gulasch oder Verarbeitungsfleisch zu verwenden. Wobei man hier zwischen beiden zuvor besprochenen Gulascharten unterscheiden sollte. Bei der Verarbeitung zu Verarbeitungsfleisch sollte grundsätzlich zwischen magerem, sehnenfreiem Fleisch und sehnenhaltigem Fleisch unterschieden werden. Ersteres kann sehr gut für frische Brat- oder Mettwürste verwendet werden. Zweiteres bietet sich für die Herstellung von Brüh- oder Kochwurst an. Als Beispiele seien hier wilde Fleischwurst oder wilde Leberwurst erwähnt. Eine intakte Schulter kann ohne Weiteres als ganzes Schmorbratenstück oder kleingeschnitten als Gulasch verwendet werden. Die Abschnitte einer Schulter lassen sich ohne Weiteres für Gulasch oder als Verarbeitungsfleisch verwenden.

VERWENDUNG UND VERWERTUNG KEULE

Im Gegensatz zur Schulter, die durch die langfaserigen Muskeln grundsätzlich eher zum Schmoren geeignet ist, ist die Keule deutlich flexibler in Bezug auf ihre Verwendung. Zwar gehört auch die Keule zum Bewegungsapparat des Tiers und hat somit einen höheren Sehnen- und Bindegewebsanteil als der Rücken, jedoch sind die Muskeln nicht so langfaserig wie die in der Schulter. Somit lönnen mit diesen Fleischpartien noch weit mehr als reine Schmorgerichte zubereitet werden. Bei kleineren Tieren lohnt es sich in den seltensten Fällen, die Keule in die verschiedenen Teilstücke zu zerlegen. Hier empfiehlt es sich, die Keule im Ganzen zulassen und sie so zu vermarkten bzw. als Braten zu garen. Bei größeren Tieren empfiehlt es sich, die Keule in ihre Teilstücke zu zerlegen:

— Oberschale: mageres sehnenfreies Muskelstück, eignet sich besonders für panierte Wildschnitzel oder gar als Wildsteaks
— Unterschale: im Verhältnis zur Oberschale ein etwas festeres Fleisch, eine kleine Sehne befindet sich im Muskel, eignet sich als Braten
— Hüfte: Die Hüfte besteht aus mehreren kleinen Muskeln, die aber alle zart sind und sich somit super als Steaks verwenden lassen
— Nuss: mageres rundes Stück Fleisch, welches sich perfekt als Schmorbraten verwenden lässt sowie für Schnitzel und Steaks

Rehkeulen können auch im Ganzen zubereitet werden. Dazu wird die Keule häufig hohl ausgelöst.

Nach dem Lösen des Fleisches vom Knochen, kann dieser aus der Keule herausgezogen werden.

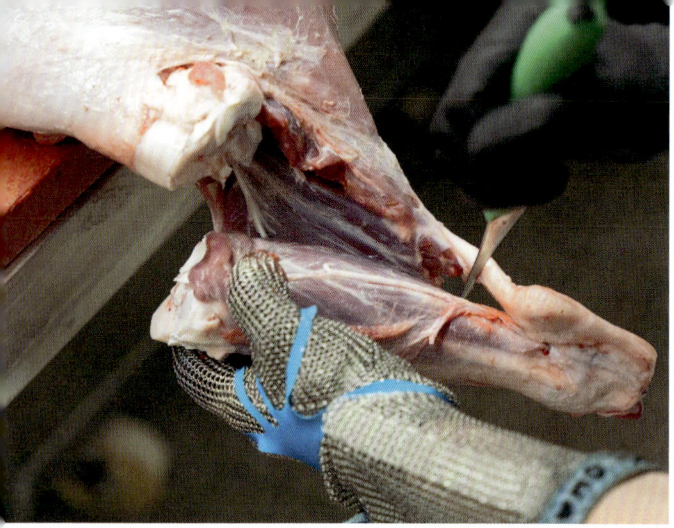

Die Haxe ist sehr sehnenreich und sollte bei der Zubereitung daher lange geschnmort werden.

— Haxe: Ein sehr sehnenreiches Fleisch, welches jedoch beim Schmoren unglaublich geschmacksintensiv wird. Ossobuco von Schwein, Reh und Hirsch gewinnt immer mehr an Popularität.

Der Form halber sollte man auch das Tafelspitz und Bürgermeister erwähnen, die jedoch i. d. R. zu klein sind, um sie vernünftig als Teilstück zu verwerten. Daher werden diese beiden Stücke eher im Gulasch bzw. als Vearbeitungsfleisch genutzt.

SORTIERUNG UND VERWENDUNG

Abschnitte, also Fleischstücke, die bei der Zerlegung und dem Zuschnitt anfallen, sollten sie nach ihren Anteilen von magerem Fleisch, Bindegewebe und Fett sortieren. Oft sieht man, wie beim Zuschneiden alle „Reste" in einer Schüssel landen und dann gewolft werden. Diese „Mischung" ist oftmals nicht für viele Produkte geeignet. Wollen Sie beispielsweise in einer Frikadelle oder Bratwurst auf ein Stück Sehne beißen? Sortieren Sie daher am besten in mindestens zwei Kategorien: Bratwurstfleisch für Abschnitte, die grob gewolft in Produkten genossen werden können, und Kutterfleisch, also Fleisch, das fein zerkleinert wird, das Sie oder der Fleischer für z. B. Brühwurstprodukte nutzen können.

VEREDELUNG

In einem Buch, das sich an Jäger richtet, die ihr Wild im kleinen Rahmen vermarkten möchten, auf das Wurstmachen einzugehen, ist eigentlich etwas widersprüchlich.

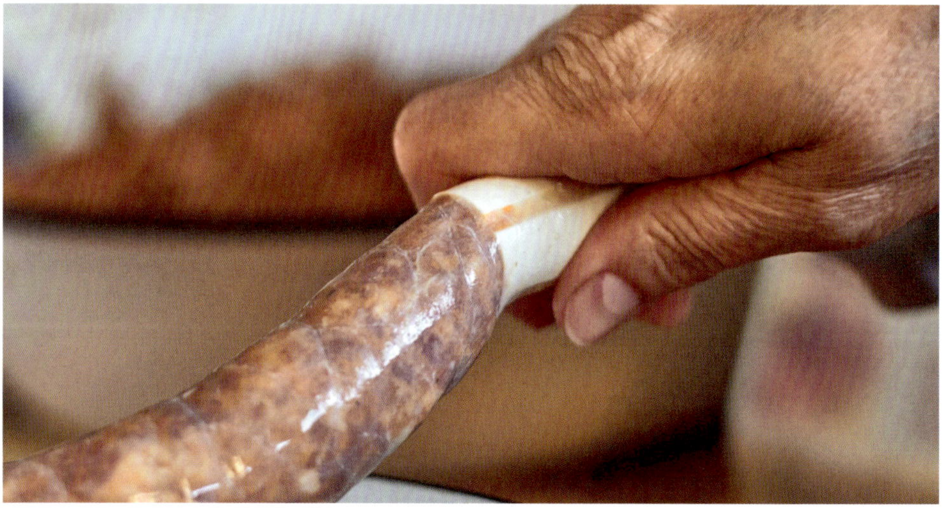

Man kann zwar auch daheim Wurst herstellen, doch für die Vermarktung sollte besser auf die Lohnarbeit bei einem Fleischer zurückgegriffen werden.

OHNE „MITTELCHEN"

Wer bei der Verarbeitung seines Wildes auf Zusätze verzichten will und möglichst klassisch handwerklich arbeiten möchte, der findet unter dem Stichwort „ökologische Wurstproduktion" zahlreiche Tipps und Hinweise im Internet. Hier werden althergebrachte Methoden vorgestellt, die auch ohne die Zuhilfenahme moderner Mittelchen zum gewünschten Ergebnis führen.

Das liegt daran, dass hier sofort weitere Gesetze greifen und Anforderungen an Räumlichkeiten, Management und Personal stellen, die ein „kleiner Jäger" oftmals kaum erfüllen kann. Als „Ausweg" wurde im ersten Teil des Buches ja bereits die Zuhilfenahme eines Fleischers erwähnt, weshalb an dieser Stelle auch kurz auf die (beauftragte) Veredelung eingegangen werden soll. Außerdem steht der Weiterverarbeitung im eigenen Haushalt für den Eigengebrauch natürlich nichts im Weg! Fleisch zu veredeln und haltbar zu machen hat eine lange Geschichte. Bereits 700 v. Chr. finden sich in Homers Odyssee Erwähnungen von gegrillten Ziegenmägen, die mit Fett und Blut gefüllt wurden, um die Krieger zu stärken und nach erfolgreichen Schlachten zu belohnen. Diese über die Jahrtausende entwickelte Kultur brachte zahlreiche Rezepte und Herstellungsverfahren hervor, die wir ganz wunderbar auch für unser Wildfleisch nutzen können.

BRÜHWURST

Brühwürste sind durch Brühen, Backen, Braten oder auf andere Weise hitzebehandelte Wurstwaren, bei denen zerkleinertes rohes Fleisch mit Kochsalz und gegebenenfalls anderen technologisch notwendigen Salzen meist unter Zusatz von Trinkwasser (oder Eis) ganz oder teilweise aufgeschlossen wurde und deren Muskeleiweiß bei der Hitzebehandlung mehr oder weniger zusammenhängend koaguliert ist, sodass die Erzeugnisse bei etwaigem erneuten Erhitzen schnittfest bleiben. Die Menge des verwendeten Trinkwassers ist bei den einzelnen Wurstsorten verschieden. (Leitsätze für Fleisch und Fleischerzeugnisse)

Die Herstellung von Brühwürsten aus Wildfleisch ist zwar nicht ganz leicht, doch die Mühen lohnen sich.

Unterschieden werden folgende Brühwürste:

— Brühwürstchen: z. B. Wiener Würstchen, Weißwurst, Grillwurst
— Feine Brühwurst: z. B. Fleischwurst, Fleischkäse, Gelbwurst
— Grobe Brühwurst: z. B. Bierwurst, grober Leberkäse, Krakauer (Halbdauerware)
— Brühwurst mit Einlage: z. B. Bierschinken, Mortadella, Brühwurstpasteten

Auch wenn Wildbret bzw. das Fett der Wildtiere wie bereits erwähnt einige Schwierigkeiten in der Verarbeitung zu Brühwürsten mit sich bringt, sollten auch diese Produkte – vor allem im Rahmen einer modernen Wildvermarktung – berücksichtig werden. Brühwürste bieten zudem eine perfekte Verwendungsmöglichkeit für die sehnigen Abschnitte, da diese bei der Herstellung stark zerkleinert werden und so zu einem hochwertigen Produkt verarbeitet werden können.

ROHWURST

Rohwürste sind in der Regel umgerötete, ungekühlt (über +10 °C) lagerfähige, in der Regel roh zum Verzehr gelangende Wurstwaren, die streichfähig oder nach einer mit Austrocknung verbundenen Reifung schnittfest geworden sind. Zucker werden in einer Menge von nicht mehr als 2 % zugesetzt. (Leitsätze für Fleisch und Fleischerzeugnisse)

Unterschieden werden folgende Rohwürste:

— Schnittfeste Rohwürste: z. B. Salami, Mettenden, Landjäger
— Streichfähige Rohwürste: z. B. Teewurst, Streichmettwurst, Pfeffersäckchen

Auch hier gilt es bei der Verarbeitung auf die Besonderheiten des Wildfetts zu achten. Reine Wildrohwürste können u. U. weicher und weniger lange haltbar sein, gelten aber als Klassiker und sind entsprechend bekannt und beliebt bei (potenziellen) Wildkunden. Da diese Würste i. d. R. nicht (mehr) erhitzt werden, ist eine besonders sorgfältige Auswahl an keimarmem Ausgangsmaterial von größter Wichtigkeit.
Zudem sollte hierbei auf jeden Fall mit Starterkulturen gearbeitet werden. Ein weiterer Tipp, den man an dieser Stelle geben kann, vor allem wenn mit Wildfett gearbeitet wird, ist die Zuhilfenahme von Rosmarin(extrakt). Dieses wirkt dem Fettverderb entgegen und hilft dabei, das anfällige Wildfett zu stabilisieren.

Wildsalami ist bei vielen Kunden äußerst beliebt.

KOCHWURST

„Kochwürste" sind hitzebehandelte Wurstwaren, die vorwiegend aus gekochtem Ausgangsmaterial hergestellt werden. Nur beim Überwiegen von Blut, Leber und Fettgewebe kann der Anteil an rohem Ausgangsmaterial vorherrschen. Kochwürste sind in der Regel nur im erkalteten Zustand schnittfähig. (Leitsätze für Fleisch und Fleischerzeugnisse)

Unterschieden werden folgende Kochwürste:

— Pasteten: z. B. Leberpastete
— Leberwürste: z. B. Trüffelleberwurst, Sahneleberwurst
— Kochmettwürste: z. B. Schinkencreme, Pfälzer Saumagen, Pinkel
— Blutwürste: z. B. Zungenrotwurst, Fleischrotwurst, Flönz
— Sülzwürste: z. B. Schinkensülze, Corned Meat, Schwartenmagen

Kochwürste sind eine ideale Verarbeitungsmöglichkeit für Abschnitte und Innereien. Da es kaum möglich ist, Schwarten und Blut von Wildtieren zu gewinnen, muss hier i. d. R. auf Produkte vom Hausschwein zurückgegriffen werden. Dennoch bietet sich hier eine Einlage aus Wildfleisch an. Sülzwürste und Leberwürste können hingegen auch aus 100 % Wild hergestellt werden. Da sich diese Würste auch gut einkochen lassen, bietet diese Produktgruppe viele Möglichkeiten zur Konservenherstellung.

ROHE PÖKELFLEISCHERZEUGNISSE

Rohschinken, Rauchfleisch, Dörrfleisch, süddeutsch auch Speck, Geräuchertes, Geselchtes, sind durch Pökeln (Salzen mit oder ohne Nitritpökelsalz und/oder Salpeter) haltbar gemachte, rohe, abgetrocknete, geräucherte oder ungeräucherte Fleischstücke von stabiler Farbe, typischem Aroma und von einer Konsistenz, die das Anfertigen dünner Scheiben ermöglicht. (Leitsätze für Fleisch und Fleischerzeugnisse)

Bei der Herstellung von Kochwürsten aus Wildfleisch muss fast immer auf Fett von Hausschweinen zurückgegriffen werden

Wildschinken hat vermutlich jeder schon einmal probiert und genossen. Auch hier handelt es sich wieder um einen Klassiker, der i. d. R. bereits sehr bekannt und äußerst beliebt ist. Durch die lange Reifezeit handelt es sich im Hinblick auf die Produktion um eine aufwendige Produktgruppe, die Waren sind dafür aber auch länger haltbar und bieten eine gute Möglichkeit, Wildspezialitäten auch in den Schonzeiten anbieten zu können. Vor allem das Fleisch älterer Tiere eignet sich gut für die Produktion von Rohschinken. Somit können auch alte Stücke, die sich weniger für den Frischfleischverzehr anbieten, zu hochwertigen Produkten verarbeitet werden.

Geräucherten (rohen) Schinken fertigen zahlreiche Jäger in Eigenarbeit daheim für den Eigengebrauch.

GEGARTE PÖKELFLEISCH-ERZEUGNISSE

„Kochpökelwaren", „Gekochte Pökelfleischwaren" sind umgerötete und gegarte, meist geräucherte Fleischerzeugnisse, denen kein Brät zugesetzt ist, soweit dieses nicht zur Bindung großer Fleischteile dient (z. B. bei „Kaiserfleisch"). (Leitsätze für Fleisch und Fleischerzeugnisse)

Wilder Kasseler oder Kochschinken ist selten auf dem Markt zu finden, wofür es eigentlich keine guten Gründe gibt. Beide Produkte sind sehr beliebt und problemlos auch aus Wildfleisch herzustellen.

Für die meisten Würste wird dem sehr mageren Wild Schweinespeck bzw. -fett zugefügt. Bei Brühwurst (also z. B. Wiener Würstchen oder Fleischwurst im Ring) ist immer zusätzliches Fett notwendig, allerdings kann hier auch mit Öl gearbeitet werden. Möchten Sie z. B. Brühwurst wie Wiener oder Aufschnitt machen (lassen), muss klassischerweise fester Speck hinzugegeben werden. Hier kann allerdings auch auf (Sonnenblumen-)Öl zurückgegriffen werden. So werden z. B. auch Geflügelwürstchen in Halal-Qualität hergestellt. Sollte Fleisch oder Fett vom Hausschwein genutzt werden, ist es absolut zu empfehlen, hochwertiges Fleisch z. B. in Bio-Qualität oder ähnliches zu verwenden. Wer Wild mit den klassischen Begründungen wie Nachhaltigkeit und Tierwohl bewirbt, macht sich sonst unglaubwürdig und das Produkt minderwertiger.

Viele Genießer lieben Kochschinken. Das Angebot an wildem Kochschinken ist jedoch in der Regel überschaubar.

Hunde sind dankbare Abnehmer für die unedleren Teile beim Wild.

Wild für Haustiere

Eine weitere Verwendungsmöglichkeit, vor allem für die „unedleren" bzw. nicht anders verwertbaren Teile des Wildes, ist die Nutzung in Tiernahrung bzw. für die Herstellung von Kauartikeln und Leckerchen. Im Handel finden sich von getrockneten Fellstreifen über gedörrte Läufe und Ohren bis hin zu geräucherten Nackensehnen allerlei Artikel für unsere vierbeinigen Freunde. Wichtig ist an dieser Stelle, dass es auch hier strikte rechtliche Einschränkungen gibt, sodass viele Fleischer keine Tiernahrung herstellen bzw. vertreiben dürfen.

ZUBEREITUNG

Grundsätzlich empfehle ich Menschen, Wildfleisch fast 1:1 so zuzubereiten, wie konventionelles Fleisch von Masttieren. Vor allem bei Hackfleisch, Geschnetzeltem oder Wurstwaren funktioniert dies in der Regel einwandfrei. Ein paar Dinge gibt es dennoch zu beachten und diese sollten dem Wildfleischkoch möglichst bekannt sein. Wild sollte, vor allem wenn Risikogruppen davon essen, durcherhitzt werden. Durch den bereits angesprochenen erhöhten Keimgehalt kann sonst u. U. ein Gesundheitsrisiko davon ausgehen. Auch wenn sich vermutlich kaum einer an diese Empfehlung hält, sollte man trotzdem einmal darüber gesprochen haben und sich der Gefahr bewusst sein. Auch wenn es feiste Tiere gibt, die Fleisch mit höherem Fettgehalt liefern, ist Wildbret i. d. R. fettarm und somit schneller trocken – vor allem wenn man es durcherhitzt. Daher sollte man auf schonende Garmethoden zurückgreifen, die die Saftigkeit des Fleisches bestmöglich erhalten. Zu empfehlen wären hier z. B. die Sous-Vide-Zubereitung, das Garen in ausreichend Flüssigkeit und das indirekte Garziehen nach einem kurzen, scharfen Anbraten. Erwischt man ein Stück Fleisch von einem älteren Tier, kann dies durchaus wesentlich zäher sein, als von einem jüngeren Stück derselben Wildart. Das Fleisch von älteren Stücken eignet sich eher zum Schmoren oder für die Herstellung von Wurst. Oft hört man, Wild *müsse* stärker gewürzt werden. Das sehe ich anders: Es *darf* stärker gewürzt werden. Wild sollte nicht streng schmecken und ist daher auch pur ein Genuss. Allerdings bringt es genug eigenen Geschmack mit, dass man es durchaus mit stärkeren Gewürzen würzen darf – und der Fleischgeschmack trotzdem noch durchkommt – als z. B. eine Hühnerbrust.

WILD-
SPEZIALITÄTEN

VERKAUF UND MARKETING

DER GRUNDSTEIN IST GELEGT

Die rechtlichen Hürden sind genommen, alle Anmeldungen getätigt und Räumlichkeiten entsprechend eingerichtet.

Beschäftigen wir uns also mit dem Marketing, sprich den Maßnahmen und Strategien, um Absatz und Umsatz zu steigern. Die Basis dafür bilden die Ergebnisse einer Marktanalyse. Die dann zu treffenden Entscheidungen werden klassischerweise in vier Bereiche eingeteilt:

Produktpolitik: Diese umfasst Maßnahmen und Entscheidungen, die mit der Gestaltung von Produkten und Dienstleistungen (Eigenschaften, Verpackung, ergänzende Serviceleistungen) zusammenhängen. Ziel ist es, auf Kundenbedürfnisse einzugehen und so den Marktanteil zu erhöhen und Umsätze und Gewinne zu maximieren. Hierbei wird z. B. hinterfragt: Welche Produkte sollen angeboten werden? Welche Eigenschaften sollen diese haben? Wie sollen diese genannt werden? Welche Verpackungen und welche Zusatzdienstleistungen soll es geben?

Mit dem passenden Marketing lässt sich der Wildfleischabsatz deutlich erhöhen.

Preispolitik: Diese umfasst alle Maßnahmen und Entscheidungen, die mit Preis- und Konditionsgestaltung zusammenhängen. Ziel ist es – unter Berücksichtigung der Herstellungskosten, Produkteigenschaften und Kundenerwartungen –, geschickt Preise und Konditionen zu bestimmen, die Kaufanreize setzen. Hierbei wird z. B. hinterfragt: Welche Preise werden zu welchen Konditionen angesetzt? Gibt es Bonusprogramme? Wie kann gezahlt werden?

Kommunikationspolitik: Diese umfasst alle Maßnahmen und Entscheidungen, die mit Verkaufsförderung und dem Image eines Produkts bzw. des Unternehmens zusammenhängen. Ziel ist es, relevante Gruppen mit Informationen zu erreichen, die zum Kauf anregen. Hierbei wird z. B. hinterfragt: Wie wird geworben? Wie sollen die Produkte und das Unternehmen bzw. der Unternehmer wahrgenommen werden?

Vertriebspolitik: Diese umfasst alle Maßnahmen und Entscheidungen, die mit der Distribution der Produkte und Dienstleistungen zusammenhängen. Ziel ist es, eine Strategie zu finden, mit der Angebote am

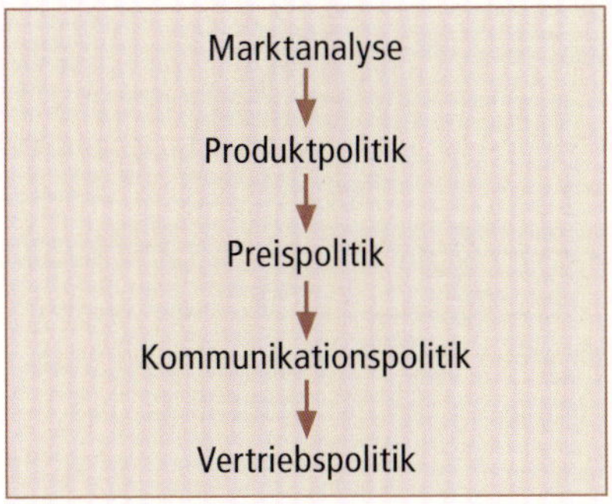

Nach einer Marktanalyse müssen in vier Bereichen Entscheidungen und Maßnahmen getroffen werden.

richtigen Ort und zur richtigen Zeit platziert werden. Hierbei wird z. B. hinterfragt: Wie kommt das Wild zum Kunden? Nutze ich Absatzhelfer?

MARKTANALYSE

Der Wildfleisch-Markt ist ein sehr heterogenes, komplexes Geflecht aus vielen individuellen Verkäufern und Käufern. Allgemeingültige Aussagen und Empfehlungen sind daher schwer zu treffen. Dennoch sind grundsätzliche Beobachtungen über Ernährungs- und Einkaufsverhalten sehr gut dokumentiert und bilden eine gute Grundlage für eine individuelle Marktanalyse am eigenen Standort. Im Folgenden finden sich daher die Basics zum Thema und im Anschluss ein Fahrplan für eine eigene Analyse. Spezifischere Erkenntnisse und daraus resultierende Empfehlungen finden sich in den einzelnen Abschnitten zu Produkt-, Preis-, Kommunikations- und Vertriebspolitik.
Der Fleischkonsum in Deutschland ist tendenziell rückläufig. Die Krisen der vergangenen Jahre erschweren die Bewertung und Einordnung der Zahlen, aber grundsätzlich ist davon auszugehen, dass dieser Trend anhalten wird. Aufgrund steigender Zahlen von Flexitariern – also Menschen, die bewusst weniger Fleisch und dafür nur solches bestimmter Qualität essen – sowie Veganern und Vegetariern und dem gesteigerten Umwelt- und Gesundheitsbewusstsein in der Gesellschaft, ist zudem zu erwarten, dass Fleisch zukünftig vermehrt als Premiumprodukt gesehen und konsumiert wird. Diese Veränderung wäre nicht nur für Tier und Umwelt gut, sondern auch für uns Produzenten von Wildfleisch! Damit einher ging und geht ein enormer Anstieg des Konsums von pflanzlichen Fleischersatzprodukten. Ein weiterer Konkurrent von „klassischem" Fleisch wird voraussichtlich auch das sogenannte In-vitro-Fleisch, also Fleisch aus dem Labor sein.

Flexitarier:	42 %
Vegetarier:	10 %
Veganer:	1,3 %

ANTEILE VON FLEXITARIERN, VEGETARIERN UND VEGANERN AN DER DEUTSCHEN BEVÖLKERUNG (Stand 2020, Gesellschaft für Konsumforschung, Vegetarierbund)

Der Absatz von Fleischersatzprodukten hat in jüngster Vergangenheit stark zugenommen,

ZUR ERNÄHRUNG

Wie zu Beginn dieses Buches bereits erwähnt, halte ich die meisten Berichte über die Beliebtheit von Wildfleisch aufgrund der schwer zu analysierenden bzw. sehr interpretationsfähigen Datenlage für wenig aussagekräftig. Aus eigener Erfahrung kann ich sagen, dass Wild grundsätzlich gut ankommt, vor allem in den Generationen X und Y. Die vorherigen Generationen haben zum Teil noch das hartnäckige Bild vom „streng schmeckenden" Wild im Kopf – aber auch hier gibt es, vor allem in der Weihnachtszeit, noch einige Fans.

Sehr junge Menschen haben in der Regel keine besonders positive bzw. ablehnende Haltung gegenüber Wildfleisch. Auch wenn es schwierig ist, die Quantität des konsumierten Wilds zu bewerten, gibt es aussagekräftige Studien über die Meinung zu Wildfleisch. So hat z. B. der DJV eine Meinungsumfrage in Auftrag gegeben, die ergab, dass mehr als 80 % der Befragten Wildfleisch als ein gesundes und natürliches Lebensmittel betrachten. Demnach ist die Beliebtheit von Wild seit dem Jahr 1999 um mehr als 20 % gestiegen. Über die Hälfte gab zudem an, innerhalb des vergangenen Jahres Wild selbst zubereitet oder zumindest gegessen zu haben. 23 % kauften ihr Wild dabei in einer lokalen Metzgerei, 18 % von Jägern und 51 % aßen es im Restaurant. Eine Übersicht über aktuelle Gewohnheiten im Bereich Lebensmittelkonsum bieten die jährlichen Ernährungsreporte des Bundesministeriums für Landwirtschaft und Ernährung. Seit Jahren geben die Befragten in diesen Studien an, dass ihnen vor allem Geschmack und Gesundheit bei der Auswahl ihrer Lebensmittel wichtig sind. Zudem soll es schnell gehen und gerne kalorienarm sein. Interessant sind die Unterschiede – vor allem in Hinblick auf die Definition einer Zielgruppe – zwischen den Altersgruppen bzw. Lebensstilen. So ist es für ältere Leute (über 60 Jahre) mit 94 % etwas wichtiger, gesund zu essen, als für Jüngere, bei denen es nur 88 % sind. Anders ist es bei der Zubereitungszeit des Essens. Insgesamt gaben 52 % der Befragten an, dass diese von entscheidender Wichtigkeit sei. Bei den Befragten im Alter von 45 bis 59 Jahren waren es allerdings mit 46 % weniger als bei den 14- bis 29-Jährigen mit 58 %. Eine wichtige Rolle

Zu Weihnachten landet bei vielen Genießern noch relativ häufig Wild auf dem Teller.

hierbei spielt auch, ob die Befragten in einer Partnerschaft leben oder alleinstehend sind. Personen mit Partner legen mit 45 % weniger Wert auf eine schnelle Zubereitung als Singles mit 61 %. Gleiches gilt für den Kaloriengehalt. Hier legen Singles mit 29 % weniger Wert auf Produkte mit wenig Kalorien als Personen in Partnerschaften mit 40 %. Im Durchschnitt gaben 35 % der Befragten an, dass ihnen kalorienarme Kost wichtig ist. Auch bei den Kochgewohnheiten kam es zu interessanten Ergebnissen. Kochen ist weiterhin beliebt und steht bei 45 % der Befragten so gut wie täglich auf der Tagesordnung. Auch hier gibt es allerdings wieder Unterschiede, besonders zwischen Männern und Frauen. So kochen 55 % der Frauen jeden Tag selbst, von den Männern hingegen nur 34 %. Insgesamt 12 % der Befragten gaben an, einmal die Woche oder weniger zu kochen, 8 % sogar normalerweise gar nicht. Daher ist es auch nicht überraschend, dass 15 % der unter 30-Jährigen mindestens einmal in der Woche bei Lieferdiensten bestellen, viele auswärts essen und sich Fertiggerichte großer Beliebtheit erfreuen.

Wenn wir von Wildbret oder Wildfleisch sprechen, ist das Fleisch von freilebenden, auf der Jagd erlegten Tieren gemeint.

Wird Rotwildfleisch im Supermarkt angeboten, stammt es häufig aus Neuseeland.

ARTEN VON WILDFLEISCH & KONKURRENZ

Wildfleisch lässt sich in verschiedene Arten einteilen. Diese unterscheiden sich z. T. stark und haben abweichende Vor- sowie Nachteile. Diese Differenzierung dürfte vielen Kunden nicht im Detail bekannt sein und sollte daher besser kommuniziert werden.

Wild aus heimischer Jagd: Wenn Jäger von Wildfleisch sprechen, ist i. d. R. Fleisch von freilebenden, gejagten Tieren aus heimischen Wäldern die Rede. Dieses Fleisch hat all die bekannten Vorzüge wie Regionalität, Nachhaltigkeit, gute Nährwerte etc. Es ist davon auszugehen, dass auch der Konsument meint, genau solches Fleisch zu essen, wenn er Wild bestellt oder einkauft.

Wild aus dem Ausland: Da auch im Ausland gejagt wird, mag es nicht überraschen, dass auch dort Wildfleisch anfällt und nach Deutschland importiert und hier verzehrt wird. Was aber vor allem den Wildkunden überraschen dürfte ist, dass es sich hierbei oft um Gatterwild handelt. Spitzenreiter sind hier Neuseeland mit Rotwild aus Gatterhaltung sowie Polen und Ungarn, welche zudem viel Schwarzwild exportieren. Nach Angaben des DJV wurden im Jahr 2022 insgesamt 18.855 t Wildfleisch (Jagd & Gatter) aus dem Ausland importiert. Das entspricht ungefähr der Menge an Wildfleisch ohne Knochen, die im Jagdjahr 2022/23 in Deutschland angefallen ist. Wild aus dem Ausland ist durch z. T. sehr lange Transportwege wesentlich weniger

	Jagdwild aus Deutschland	Jagdwild aus dem Ausland	Gatterwild aus Deutschland	Gatterwild aus dem Ausland
Wildfleisch	Ja	Ja	Ja	Ja
Freilebend	Ja	Ja	Nein	Nein
Regional	Ja	Nein	Ja	Nein
Bio-zertifizierbar	Nein	Nein	Ja	Ja

VORZÜGE VON WILDFLEISCH IM ÜBERBLICK

nachhaltig und hat teils auch nur noch wenig mit dem hierzulange bekannten Wild gemein. So wird aus den USA z. B. Fleisch von sogenannten „Razorbacks“, also verwilderten Hausschweinen, als Wildschweinfleisch importiert und angeboten. Nicht nur im Ausland, sondern auch hierzulande gibt es Gatter, in denen Wild zur Fleischproduktion gehalten wird. Wichtig ist an dieser Stelle zu erwähnen, dass Fleisch von Wild aus Gatterhaltung das einzige Wildfleisch ist, das als „bio“ zertifiziert werden darf. Wild wird in zahlreichen unterschiedlichen Formen angeboten. Während viele Jäger ihr Wild in der Decke verkaufen, erreicht es den Endkunden i. d. R. bereits (weitestgehend) küchenfertig. Hier kommt es vor allem darauf an, wo das Wild erworben wird. Discounter bieten Wildfleisch oftmals tiefgekühlt in Form von Gulasch oder Braten an. Eine ähnliche Auswahl, meist aber etwas größer, findet sich in den klassischen Supermärkten. Interessant ist, dass es hier mittlerweile immer öfter Kooperationen mit regionalen Anbietern gibt. So finden sich hier

Importiertes Wildschweinfleisch aus den USA stammt zum Teil von verwilderten Hausschweinen – sogenannten Feral pigs.

MEHR BIO GEHT NICHT? DOCH …

Viele kennen vermutlich diesen Spruch bei der Vermarktung von heimischem Wild. Auch wenn die Idee dahinter Sinn ergibt, ist diese Aussage rechtlich falsch und unzulässig. „Bio“ und verwandte Begriffe wie „öko“ etc. dürfen nur verwendet werden, wenn eine offizielle Bio-Zertifizierung vorhanden ist. Diese können Jäger für ihr Jagdwild leider nicht bekommen, da Fütterung und Haltung – selbst wenn sie Bio-Kriterien entsprechen – nicht ausreichend kontrolliert und nachgewiesen werden können. Anders sieht es bei Wild aus Gatterhaltung aus. Hier ist dies möglich und somit – bei vorliegender Zertifizierung – auch eine entsprechende Deklaration und Bewerbung erlaubt.

Einige Jäger lassen Wildfleisch vom Metzger weiterverarbeiten, um es dann zu vermarkten.

vereinzelt auch veredelte Produkte aus echtem Wildbret – Discounter- und Supermarktware kommt nämlich oft aus dem Ausland. Da der Jäger durch die rechtlichen Einschränkungen in seinem Angebot meist stark begrenzt ist, finden Kunden vor allem (grob) zerlegte Teilstücke. Aber auch hier bieten immer mehr (vom Metzger) veredelte Produkte wie Wildbratwurst und Rohesser an. In Metzgereien variiert das Angebot stark mit dem Fokus auf Wild.

EIGENE MARKTANALYSE

Die zuvor beschriebenen Gewohnheiten und Verhaltensweisen stellen den Durchschnitt einer großen Bevölkerung dar. Im Einzelfall mag dies regional anders aussehen. Daher sollte jeder angehende Wildverkäufer sich in seiner näheren Umgebung einmal ganz genau umschauen. Wird hier vor allem im Feinkostgeschäft oder im Discounter eingekauft? Leben hier mehr Familien oder junge Alleinstehende? Ist die Kaufkraft in meiner Region eher stärker oder schwächer als im Durchschnitt? Während in Großstädten (und das kann ich aus eigener Erfahrung bestätigen) der Wildverkauf auf der Gourmetschiene oft wunderbar klappt und hohe Margen mit sich bringen kann, hört man von Jägern auf dem Land meist anderes.

Folgende Fragen sollten Sie sich bei der eigenen Marktanalyse stellen:

1. Wo sind die geografischen Grenzen meines Marktes? Welche Städte und Regionen deckt mein 100-km-Radius ab? Welches Einzugsgebiet habe ich realistisch?
2. Wie viele Anbieter von Wildfleisch gibt es in der Nähe? Verkaufen Metzgereien in der Region Wild (Falls nein, bieten Sie ihnen etwas an!)? Sind in den gängigen Portalen viele Wildanbieter im Umfeld zu finden?
3. Wie viele Kunden für Wildfleisch gibt es in der Nähe? Schauen Sie nach Branchendaten für Ihre Region. Wie viele potenzielle Kunden gibt es in der Gegend?
4. Wie groß ist das Marktpotenzial? Welche Mengen Fleisch ergeben sich, wenn man den Durchschnittsverzehr mit der ermittelten Kundenzahl multipliziert?
5. Wie stark ist der Markt gesättigt? Gibt es für den zuvor ermittelten Bedarf ausreichend Anbieter bzw. Angebot? Werden die aktuellen Wünsche der Kunden bereits ausreichend erfüllt?
6. Wie ist die aktuelle wirtschaftliche Situation?

BEDARFSERMITTLUNG AM BEISPIEL KÖLN

In Köln leben gut 1.000.000 Menschen. Ungefähr 13 % davon leben vegetarisch oder vegan und fallen somit schon mal raus. Somit ergeben sich 870.000 potenzielle Fleischesser. Bei einem Durchschnittsverzehr von 450 g Wild pro Jahr pro Person ergibt sich ein Bedarf von 450.000 kg Wildfleisch. Theoretisch werden so jeden Tag über 1,2 Tonnen Wild in Köln verzehrt.

MARKTVOLUMEN DEUTSCHLANDWEIT

Laut DJV lag das Wildbretaufkommen im Jahr 2022/23 bei 39.798 t Wild in der Decke bzw. 17.082 t Wildfleisch ohne Knochen. Bei Preisen zwischen 4 und 5 Euro pro kg (in der Decke) und 1,50 bis 13 Euro pro Stück Niederwild, ergab das einen Primärwert von 183.279.373 Euro.

1. Wie groß ist das Marktvolumen? Wie viel Wild wird in der Region erlegt bzw. vermarktet? Wie hoch ist der Durchschnittspreis und somit die effektiv getätigten Umsätze?
2. Welche Bedürfnisse werden noch nicht abgedeckt? Bieten Ihre Mitjäger nur Wild in der Decke an?
3. Welche Marktlücke kann ich abdecken? Welche rechtlichen Auflagen können Sie erfüllen? Welches Know-how haben Sie?

MARKTSÄTTIGUNG

Nur ungefähr die Hälfte des in Deutschland verzehrten Wildfleisches stammt von hier. Der restliche Bedarf wird durch Importe gedeckt. Dennoch klagen vor allem in ländlichen Regionen Jäger teils über mangelhaften Absatz.

In Großstädten ist der theoretische Bedarf an Wildfleisch hoch, daher bieten sich gute Chancen für den Absatz.

4. Wie hat sich der Markt in den vergangenen Jahren entwickelt?
5. Wie entwickelt sich der Markt voraussichtlich in der Zukunft?
6. Welche (direkten) Mitbewerber gibt es? Wer bietet im direkten Umfeld ebenfalls Wild an?
7. Welche indirekten Mitbewerber gibt es? Wer bietet Feinkost und Bio-Produkte an?
8. In welcher Phase befinden sich meine Mitbewerber? Konkurriere ich mit alteingesessenen Metzgern oder anderen „jungen“ Wildverkäufern?
9. Welche Produkte bietet die Konkurrenz an?
10. Welche Zusatzleistungen bietet die Konkurrenz an?
11. Wie vertreibt die Konkurrenz ihre Produkte?
12. Welche Strategien verfolgt die Konkurrenz?
13. Wie bewerben die Konkurrenten ihre Produkte?

KUNDENANSPRACHE

Den typischen Wildkunden gibt es vermutlich nicht. Auch wenn sich grundsätzlich festhalten lässt, dass es sich – alleine wegen der oft aufwendigeren Beschaffung und den höheren Preisen – eher um kaufkräftigere und im Bereich Lebensmittel interessiertere Kundschaft handeln muss, habe ich in der Realität schon so viele unterschiedliche Kundentypen kennengelernt, dass es nicht von Vorteil wäre, sich hier von vornherein zu sehr auf eine bestimmte Gruppe zu versteifen. Ich empfehle, das Pferd von der anderen Seite aufzuzäumen und sich – nach entsprechender Analyse – auf eine selbst gewählte Gruppe zu konzentrieren.
Wildfleisch ist kein Hauptnahrungsmittel und wird nicht täglich verzehrt. Mit welchem Lebensmittel lassen wir es konkurrieren? Habe ich in meinem Umfeld gut betuchte Gourmetkunden? Dann setze ich hier an und überzeuge sie, Gourmetfleisch aus dem Wald zu kaufen! Kann ich junge umweltbewusste Leute erreichen, die mit ihrer Ernährung einen Beitrag für die Welt leisten wollen? Dann setze ich hier an und verkaufe mein Wild als supergrüne Alternative. Natürlich kommt es hierbei auch darauf an, was ich produzieren (lassen) kann. Die gehobene Kundschaft ist einfacher mit Trüffelsalami anzusprechen als mit Hackfleisch – auch wenn dies bisher in allen Betrieben, in denen ich gearbeitet habe, der Bestseller war. Schauen Sie auch noch einmal ganz genau auf Ihr Umfeld. Männer essen mehr Fleisch, Frauen tätigen allerdings öfter den Einkauf für den Haushalt. Singles wünschen sich schnell zuzubereitende Produkte, Personen in Partnerschaften kalorienärmere. Auf wen wollen Sie Ihre Produkte zuschneiden und bei wem soll Ihre Werbung fruchten?

BEDÜRFNISBEFRIEDIGUNG

Den meisten ist die Maslow'schen Bedürfnispyramide sicher schon einmal über den Weg gelaufen. Sein sozialpsychologisches Modell versucht, Bedürfnisse und Motivationen zu beschreiben. Ganz unten als Basis stehen die physiologischen Bedürfnisse, die Grund- oder Existenzbedürfnisse wie Atmung, Wasser und Nahrung. Nach oben hin werden die Bedürfnisse immer weniger „überlebenswichtig“ und ihre Befriedigung erfolgt daher eher im Anschluss an die der vorherigen.

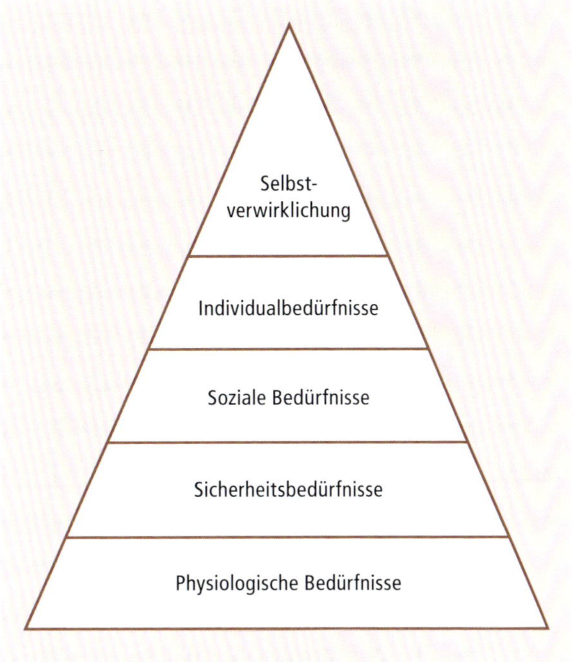

Nach der Maslow'schen Bedürfnispyramide werden die Bedürfnisse in der Pyramide von unten nach oben gestillt.

Bei der Vermarktung von Wildfleisch müssen wir nun sehen, dass wir nicht nur das Bedürfnis „Nahrung“ auf der untersten Stufe befriedigen, sondern auch Bedürfnisse aus den höheren Ebenen. Wild hat viel zu viele Vorzüge, um „nur“ satt zu machen. Auf dieser Ebene hat es zudem so viel Konkurrenz, dass kaum einer bereit ist, den höheren Preis für Wildfleisch zu zahlen. Geben wir dem Kunden aber nun das Gefühl, dass er durch den Konsum und die Zubereitung von heimischem Wild ethisch „besser“ handelt, einer sozialen Gruppe von Gourmets angehört oder seinen Wunsch nach einem ursprünglicheren Leben entsprechen kann, können wir je nach Vermarktungsgeschick mit veganen Trendprodukten oder Edelspeisen wie beispielsweise Kaviar mithalten.

WILDPRODUKTE – PRODUKTPOLITIK

In erster Linie hängt das mögliche Sortiment an Ware selbstredend vom Revier und den Verarbeitungs- und Veredelungsmöglichkeiten des Jägers ab. Zudem kommt es hier stark auf regionale bzw. lokale Besonderheiten der Kunden bzw. ihrer Nachfrage an. Je einfacher etwas lecker zuzubereiten ist, desto teurer kann man es verkaufen. Statt die ganze Schulter zum Schmoren abzugeben, sollte man (sofern möglich) Steakcuts daraus schneiden. Mittlerweile gibt es viel Literatur und zahlreiche Seminare zu diesem Thema. Beim Blick in den Textabschnitt zur Marktanalyse sehen wir, dass vor allem bei Jüngeren die Zubereitungszeit eine wichtige Rolle spielt. Sollten Sie diese Gruppe ansprechen wollen, wäre die Wahl von küchenfertig feinzerlegtem Wild z. B. sinnvoller als grobe Teilstücke, die einen größeren Zubereitungsaufwand mit sich bringen. Auch wenn Hackfleisch sehr beliebt ist, ist bei der Verarbeitung und Vermarktung – wie schon mehrfach erwähnt – besondere Vorsicht geboten. Bis vor wenigen Jahren war dies nicht grundlos nur Fleischermeistern vorbehalten. Dennoch muss in diesem Kapitel darauf eingegangen werden, da es – sofern eben möglich – ein sehr wichtiges Produkt in der Palette darstellt. Hackfleisch ist i. d. R. ein Bestseller in jedem Betrieb und seine Vermarktung aus wirtschaftlicher Sicht daher sehr sinnvoll.

Wild ist von Natur aus ein hochwertiges Produkt. Dennoch kann man, vor allem bei der Wurstproduktion, von unterschiedlichen Qualitäten sprechen. Hierbei geht es in keiner Weise um minderwertiges Fleisch im Sinne von verkeimt, verhitzt oder ähnlichem. Vielmehr spielt hierbei die Zusammenstellung von Fleisch mit verschieden hohen Bindegewebsanteilen bzw. die Beimengung von (günstigerem) Hausschweinefleisch eine Rolle. Möchte ich nur das Beste vom Besten an Gourmetkunden anbieten? Dann muss meine Wurst einen hohen BEFFE-Anteil aufweisen und ist dementsprechend teurer. Möchte ich lieber günstige Produkte für eine breite Masse anbieten? Dann können sehnigere Abschnitte und mehr Hausschweinefleisch mitverarbeitet werden.

USP

Ein USP („Unique Selling Point/Proposition"), zu Deutsch Alleinstellungsmerkmal, ist eine Eigenschaft, die ein Produkt einzigartig macht. Wildprodukte sind per se schon etwas Besonderes, aber wer sich dennoch abheben möchte, kann dies durch besondere Herstellungsmerkmale oder einen besonderen Service tun. So kann z. B. auf den Einsatz bestimmter Zusätze verzichtet, ein außergewöhnliches Gewürz genutzt oder bestimmte Zusatzleistungen angeboten werden. Wenn Sie z. B. Wiener Würstchen aus 100 % Wild anbieten, diese mit Bio-Zutaten herstellen und auf Wunsch liefern, können Sie ziemlich sicher sein, dass Sie der einzige Anbieter in der Region sind.

SORTIMENTSPLANUNG

Eine klare Empfehlung für ein perfektes Sortiment ist kaum auszusprechen. Hier spielen so viele Faktoren eine Rolle, dass eine gute Marktanalyse – und Analyse der eigenen Möglichkeiten – umso wichtiger ist. Generell möchte jeder Verkäufer natürlich eine möglichst große Gruppe potenzieller Kunden ansprechen, weshalb Vielfalt grundsätzlich wichtig ist. Dennoch gibt es zahlreiche gute Gründe, das Sortiment überschaubar zu halten und immer wieder anzupassen. Je größer das Sortiment, desto höher der Verwaltungsaufwand (Überblick, Lagerung, Produktweiterentwicklung, Werbung etc.). Um zu erforschen, ob Sie die Keule besser im Ganzen, in einzelnen Cuts oder als Gulasch verkaufen, starten Sie am besten einfach einen Versuch und halten Rücksprache mit Ihren Kunden. Was läuft gut, was ist gewünscht und was kann demnach beim nächsten Stück Wild besser gemacht werden? Sie wollen marinierte Nackensteaks verkaufen und wissen nicht, welche oder wie viele verschiedene Würzungen Sie anbieten sollen? Bieten Sie Ihren Kunden doch die Marinaden extra in Flaschen an oder arbeiten auf Bestellung. Wichtig ist bei der Planung, auch die Wirtschaftlichkeit im Auge zu behalten. Porterhouse-Steaks vom Rothirsch sind sicher eine ausgefallene und tolle Idee. Aber was tun mit dem Rest des angeschnittenen Rückens und vor allem den kaputten Filets? Gleiches gilt für viele der neuen Steak Cuts. Wilde Picanha Steaks sind sicher eine gute Erweiterung Ihres Sortiments – aber nur, wenn Sie den Rest der Keule ebenfalls in Einzelteilen verkaufen können.

Während Sie beim Fleisch gut auf Vorbestellung arbeiten können, sieht es mit veredelten Produkten, vor allem Rohwurst und Schinken, etwas schwieriger aus. Diese haben zwar eine längere Haltbarkeit und somit einen längeren Zeitraum, in dem sie verkauft werden können, können aber aufgrund der längeren Produktions- bzw. Reifezeit nicht kurzfristig nach Kundenwünschen vorbestellt werden. Überlegen Sie daher gut, ob Sie lieber klassische Produkte anbieten oder z. B. eine ausgefallenere Würzung wählen wollen, die sich ggf. schwieriger verkauft.

Ein weiterer Faktor, der bei der Wildvermarktung erschwerend hinzukommt ist, dass man – anders als der Metzger – keine Einzelteile bestellen kann und immer ein

LADENHÜTER IM PAKET VERKAUFEN

Edelteile und einfach zuzubereitende Fleischstücke sind i. d. R. schnell verkauft. Übrig bleiben unbeliebtere oder aufwendig zuzubereitende Teile. Wenn Sie diese nicht zu Wurst oder Gulasch verarbeiten wollen, können Sie ihr Sortiment um Kombinationen aus verschiedenen Produkten erweitern. Verkaufen Sie ein „Grillset", in das Sie auch B- und C-Cuts einbauen oder gleich ein Viertel Reh.

ganzes Stück verwerten muss. Machen Sie sich eine Liste mit allen Teilen, die das Tier hergibt, schreiben Sie heraus, welche Sie verkaufen möchten und können und suchen Sie dann die besten Veredelungsmöglichkeiten für die Reste heraus. Viele Menschen schrecken schnell vor aufwendigen Rezepten samt langer Einkaufslisten zurück. Schnüren Sie Gesamtpakete inkl. passendem Gewürz, Öl und Wein – und selbstverständlich einem tollen Rezept. Kochboxen boomen, warum sollte dies nicht auch mit Wildfleisch funktionieren?

PRODUKTGRÖSSE

Im deutschen Durchschnittshaushalt leben 1,9 Personen (Stand 2019), Tendenz sinkend. Auch wenn der Verkauf größerer Fleischstücke wesentlich angenehmer ist, werden in einem kleinen Haushalt auch nur entsprechend kleine Mengen Fleisch benötigt. Teilen Sie den Rücken in portionierte Steaks und den Schinken in Mengen, die 1–2 Leute innerhalb einiger Tage verzehren können. Hier reicht auch ein Blick in die Theken von Metzgereien, um zu sehen: Menschen kaufen i. d. R. keine ganzen Schweineschultern oder 2 kg Rücken vom Rind am Stück. Warum sollte es bei Wild anders sein? Vor allem, wenn wir es als alltagstaugliches Produkt verkaufen wollen. Ein großes Diskussionsthema ist auch, inwieweit das Fleisch küchenfertig zugerichtet verkauft werden soll. Während es aus Qualitätsgründen Sinn macht, das Fleisch im Vlies, also der Bindegewebshülle zu vakuumieren, da es so weniger saftet, ist es für den Kunden angenehmer, ein fertig pariertes Stück Fleisch zu bekommen. Viele Konsumenten möchten sich nach dem Kauf nicht noch die Arbeit machen und besagte Silberhaut selbst zu Hause entfernen. Alteingesessene Metzger und Jäger habe ich auf diesen Hinweis schon oft antworten hören: „Da muss die Hausfrau halt noch mal mit dem Messer drübergehen, das ist ja kein Problem", aber wie sagt man so schön: Der Wurm muss dem Fisch schmecken, nicht dem Angler... Frische ist für viele Kunden ein sehr wichtiger Faktor. Da sich Jagd(-erfolg) und Absatz des Fleisches allerdings nicht immer perfekt aufeinander abstimmen lassen, ist es öfters nötig, Wildfleisch einzufrieren. Erklären Sie dies auch Ihren Kunden und räumen Sie mit den – weitestgehend falschen – Vorurteilen gegenüber eingefrorenem Fleisch auch bei Ihren Kunden auf. Versetzen Sie sich außerdem in Ihre Kunden hinein: Wie würden Sie reagieren, wenn sie täglich im Supermarkt oder beim Metzger zwischen Nackenkotelett, mariniertem Steak und Braten auswählen und man Ihnen plötzlich Blatt oder Träger anbietet? Auch wenn es dem Jägerherzen vielleicht einen Stich versetzt, wählen Sie Produktnamen, die dem Kunden geläufig sind. Idealerweise integrieren Sie direkt den Verwendungszweck und wählen Bezeichnungen wie Wildschweinsteak aus dem Nacken oder Schulterbraten. Auch die Wahl der Verpackung gehört zu den Entscheidungen der Produktpolitik. Bei frischem Fleisch und Wurst ist die Auswahl gering. Entweder man verwendet z. B. beim Verkauf über eine Ladentheke Folie und Tüten oder man vakuumiert die Produkte ein.

Größer wird die Auswahl bei Konserven. Hier kann man i. d. R. zwischen Gläsern, Dosen und Plastikdärmen auswählen. Stellt man diese Produkte nicht selbst her, ist

Beispielsweise ganze Keulen vom Wild lassen sich heute schwieriger vermarkten als noch vor einigen Jahren.

man auf die Möglichkeiten des Verarbeiters angewiesen. Hat man die Wahl, sollte man dennoch abwägen, denn hier gibt es in der Kundenwahrnehmung bzw. -präferenz z. T. große Unterschiede. Während Gläser grundsätzlich hochwertiger wahrgenommen werden, sind Dosen deutlich unbeliebter. Dafür sind Gläser teurer und das Handling aufwendiger. Hier kommt es darauf an, wie man sich positionieren möchte.

Wurstwaren werden häufig im Glas angeboten. Die Waren sind darin lange haltbar.

PREISPOLITIK

Während man normalerweise Aufwand und Kosten, die für die Erstellung eines Produkts nötig sind, beziffert und demnach einen entsprechenden Preis festsetzen kann, gestaltet sich dies für Wildbret etwas schwieriger. Würde man Pacht, Sprit, Zeit und sonstige mit der Jagd verbundenen Kosten einkalkulieren, könnte man das Fleisch vermutlich direkt mit Gold aufwiegen. Auch wenn in der klassischen Kostenrechnung stark davon abgeraten wird, muss man sich hier wohl größtenteils am Markt orientieren und das Beste nehmen, was man kriegen kann. Dies hat natürlich nicht zuletzt auch mit unserem Verkaufstalent und der Sichtbarkeit unserer USPs zu tun. Dennoch gibt es einige Hilfestellungen, an denen man sich orientieren kann. Grundsätzlich hat sich zur Orientierung die Regel etabliert, dass Rücken und Keulen einen Gesamterlös erzielen müssen, der über dem Preis für das Stück Wild in der Decke liegt. Was darüber hinausgeht, ist somit der kleine Extraverdienst für den Mehraufwand. Besonders interessant sind natürlich auch die Preise von Wild aus dem Ausland und Gatterwild. Auch wenn diese Produkte bezüglich ihrer Vorzüge nicht mit denen von freilebendem Wild vergleichbar sind, dürften Sie dem Kunden ggf. im Kopf sein und für Vergleiche herangezogen werden.

Auch in Dosen kann Wurst haltbar gemacht werden. Auf einigen Kunden wirkt dies jedoch nicht wertig.

AUS DER REIHE TANZEN
Wollen Sie es Ihren Kunden unmöglich machen, Preise zu vergleichen? Dann machen Sie sich unvergleichbar. Setzen Sie auf die USPs und Vorzüge Ihrer Ware und bieten Sie einzigartige Produkte an. Hirschschultern sind schnell miteinander verglichen. Anders sieht es aus, wenn Sie fertig mariniertes Geschnetzeltes vom Terres Major anbieten.

Auch wenn das Wild in der Decke zu einem konkreten Kilopreis im Ganzen verkauft wird, werden selbstredend nicht einfach alle Teilstücke ebenfalls zum gleichen Kilopreis verkauft. Man spricht immerhin nicht umsonst von Edelteilen und unedleren Teilstücken. Eine gängige Methode zur Ermittlung der Preise der einzelnen Fleischstücke ist die von Olgierd Graf Kujawski vorgestellte Multiplikator-Methode. Der Wert, den das Wild in der Decke erzielen würde, wird dabei zuerst auf das Ausschlachtergebnis übertragen. Bei einem Kilopreis von 5 Euro in der Decke würde das ganze Stück mit 16 Kilogramm 80 Euro bringen. Umgelegt auf das aus der Decke geschlagene Tier mit 11,79 kg (mit Knochen) bzw. 7,95 kg ohne Knochen ergeben sich die neuen Kilopreise von 6,78 Euro bzw. 10,06 Euro. Würde man das Stück nun so zum neu errechneten Kilopreis verkaufen, läge man folglich wieder bei 80 Euro Gesamterlös. Die angefallene Arbeit würde so nicht berücksichtigt werden und man hätte demnach umsonst gearbeitet. Daher kommen wir nun zum zweiten Schritt, dem Multiplizieren des Kilopreises mit verschiedenen Faktoren – je nach Teilstück. Kujawski schlägt hier z. B. vor, den Rücken mit dem Faktor 2 oder 3 zu multiplizieren. Bei einem Gewicht von 2,17 kg (mit Knochen) ergäbe das bei 13,58 Euro (6,78 Euro x 2) einen Preis von 29,74 Euro pro Rücken. Im gleichen Beispiel rät er die Keulen mit 1,5, die Blätter mit 1 und Rippen und Hals mit 0,5 zu multiplizieren. Ich halte diese Herangehensweise grundsätzlich für sinnvoll, um ein Gefühl für die Größenordnung der Preise zu bekommen, finde die Faktoren aber zu niedrig angesetzt. Zudem wird hier wieder nur mit großen Teilstücken gerechnet. Unterteilen Sie die Keule in verschiedene Stücke, müssen Sie den Keulenpreis ein weiteres Mal multiplizieren.

PREISEMPFEHLUNGEN

Die folgenden Preise stammen aus Empfehlungen verschiedener Jagdverbände und Hegeringe. Die Durchschnittpreise stammen aus eigenen Recherchen und beziehen sich auf Verkaufspreise diverser Online- und Offlineanbieter. Festhalten lässt sich, dass sich im Norden und Osten tendenziell niedrigere Preise erzielen lassen als im Süden und Westen sowie dass die Nähe zu Ballungsräumen einen drastischen Einfluss auf die Preisgestaltung von Wild hat.

Preisempfehlungen für Rehwild

- In der Decke: 5–8 €/kg
- Rücken ohne Knochen: 22–70 €/kg (Durchschnitt: 59 €/kg)
- Rücken mit Knochen: 18–50 €/kg (Durchschnitt: 37 €/kg)
- Keule ohne Knochen: 15–28 €/kg (Durchschnitt: 29 €/kg)
- Keule mit Knochen: 11–24 €/kg (Durchschnitt: 24 €/kg)
- Schulter: 10–20 €/kg (Durchschnitt: 16 €/kg)

Preisempfehlungen für Wildschwein

- In der Schwarte: 3–6 €/kg
- Lende (Filet): 16–28 €/kg (Durchschnitt: 39 €/kg)
- Rücken: 13–24 €/kg (Durchschnitt: 32 €/kg)
- Keule: 15–22 €/kg (Durchschnitt: 21 €/kg)
- Schulter oder Kamm: 11–18 €/kg

Preisempfehlungen für Rotwild/ Damwild

- In der Decke: 5–7 €/kg
- Filet: 26–46 €/kg (Durchschnitt: 47 €/kg)
- Rücken: 20–34 €/kg (Durchschnitt: 25 €/kg)
- Keule: 13-30 €/kg (Durchschnitt: 20 €/kg)
- Schulter: 12–22 €/kg (Durchschnitt: 13 €/kg)

BEZAHLMÖGLICHKEITEN

In der Direktvermarktung von Lebensmitteln hat sich grundsätzlich die Barzahlung etabliert. Die Basis bietet also eine mit entsprechend Wechselgeld ausgestattete Kasse, über die Sie ihr Wild abrechnen können. Die Kundschaft ist jedoch mittlerweile daran gewöhnt, auch mit Karte bezahlen zu können, weshalb es sinnvoll wäre, sich ein entsprechendes Gerät anzuschaffen.

Viele Kunden sind es mittlerweile gewohnt, mit der Karte zu bezahlen.

Diese sind mittlerweile günstig zu bekommen und können ganz einfach mit dem Handy bedient werden. Vor allem wenn der Wildverkauf nicht an der Haustür stattfindet, sondern in einem (mobilen) Geschäft, sollten Sie in so ein Gerät investieren. Darüber hinaus können Sie die Bezahlung per Rechnung und Überweisung anbieten und hierbei mit dem Zahlungsziel variieren. Dies ist vor allem für Großabnehmer wie Metzgereien und Gastronomen interessant. Jeder spart gerne.
Bieten Sie daher entsprechende Aktionen an. Wie wäre es z. B. mit einem Bonusheft? Das schafft Kundenbindung und setzt Kaufanreize für die Zukunft. Auch wenn Sie sich größte Mühe geben, kann es dennoch vorkommen, dass das Fleisch nicht den Kundenerwartungen entspricht. Sie sollten sich daher überlegen, wie Sie mit Beschwerden

Bei Metzgereien und Restaurants kann mit dem Zahlungsziel in der Rechnung variiert werden.

oder Reklamationen umgehen. Gewähren Sie im Nachhinein einen Rabatt? Erstatten Sie den Kaufpreis? Geben Sie einen Gutschein für den nächsten Einkauf?

KOMMUNIKATION

Sollten Sie für Ihren Wildverkauf ein Unternehmen gründen, müssen Sie sich i. d. R. so oder so mit der Wahl eines passenden Namens für Ihr Unterfangen beschäftigen. Doch selbst wenn dies nicht der Fall ist, macht es aus mehreren Gründen Sinn, Ihren kleinen Delikatessenhandel unter einem bestimmten Namen zu betreiben bzw. eine eigene Marke für Ihre Produkte zu entwickeln. So verleihen Sie Ihrem Geschäft nicht nur einen seriösen und professionellen Anstrich, sondern ermöglichen Ihren Kunden auch, ihre positiven Erfahrungen mit einem konkreten Namen zu verbinden. Außerdem können Sie den Namen auch dafür nutzen, bereits erste Werbung für Ihre Produkte zu machen, indem Sie darin bestimmte Qualitätseigenschaften hervorheben. Der Aufwand, den Sie jetzt in die Suche des perfekten Namens stecken, sollte natürlich im Verhältnis zur Größe Ihres Unterfangens stehen. Im Zweifel reicht vermutlich ein einfaches „Mustermann Wild" oder Ähnliches. Sollten Sie das Ganze allerdings etwas größer aufziehen wollen, empfiehlt sich eine tiefergehende Suche. Denn die auf den ersten Blick naheliegendsten Namen – Kombinationen aus oder Abwandlungen von Wörtern wie Wild, Wald, Gourmet und Genuss – sind bereits zahlreich auf dem Markt vertreten und haben daher wenig Wiedererkennungswert.

Zudem ist davon auszugehen, dass ein weiteres Produkt mit einem ähnlichen Namen keine besondere Aufmerksamkeit bekommen wird und in der Masse untergeht. Seien Sie also kreativ und überlegen Sie sich etwas Neues, um sich hervorzuheben. Beziehen Sie sich auf lokale Besonderheiten, um das Thema Regionalität aufzugreifen oder bilden Sie ein eingängiges Akronym aus Ihrem Namen und Begriffen aus dem Jagd- und Fleischbereich. Auch Begriffe aus Fremdsprachen oder der Mythologie können sich hier anbieten. Sammeln Sie Ideen und fragen Sie Außenstehende nach ihren Meinungen. Achten Sie bei der Namenswahl unbedingt darauf, dass Sie keine anderen Marken bzw. geschützte Begrifflichkeiten nutzen.

PRODUKT- & LOGODESIGN

Auch wenn Sie nur gelegentlich Wild verkaufen, sollten Sie zur Wiedererkennung ein eigenes Logo entwickeln. Das mag aufwendig oder teuer klingen, ist es in Zeiten von künstlicher Intelligenz und kostenlosen Designprogrammen aber keineswegs. Mit Pro-

Bei der Etikettierung kann man entweder auf fertige Etiketten aus dem Handel oder selbst angefertigte Etiketten zurückgreifen.

grammen wie Canva könne Sie online ganz einfach ein Logo erstellen und damit dann sogar direkt Etiketten und Werbematerial bestellen. Darüber hinaus gibt es mittlerweile aber auch einige Anbieter von Etiketten mit diversen Wild-Fertigdesigns. Da vor allem Tiefkühlprodukte beim Konsumenten ein weniger gutes Standing genießen, sollten solche „schöneren" Aufkleber das absolute Minimum sein. Blanko-Etiketten, die mit Edding beschriftet werden, hinterlassen nicht den Eindruck, den unser hochwertiges Wildfleisch machen sollte. Von den rechtlichen Problemen einmal ganz abgesehen.
Zum Thema Design sollte an dieser Stelle noch gesagt sein, dass so gut wie jedes auf dem Markt befindliche Logo für ein Wildfleischgeschäft aus den Elementen „Geweih" und „Grünzeug" sowie der Farbe Grün – gerne in Kombination mit Gold – besteht. Ein neuer Anbieter, der sich ebenfalls in dieser Art präsentiert, wird nicht auffallen. Den Kunden wird ein neues Produkt in der gleichen alten Aufmachung auch nicht weiter interessieren. Knüpfen Sie auch hier z. B. an die Region an und suchen Sie etwas mit Wiedererkennungswert. Neben einem ansprechenden Logo und der Einhaltung der im ersten Teil des Buches beschriebenen rechtlichen Anforderungen, sollte auch beim Rest des Etiketts bzw. der Verpackung auf eine verkaufsfördernde Gestaltung geachtet werden. Hierfür kann man entweder ein schlichtes sowie einfaches Etikett mit den Pflichtangaben mit einem zweiten Schmucketikett mit Logo und Werbeslogan kombinieren oder ein großes einzelnes Etikett, das beides vereint, verwenden.
Ersteres ist i. d. R. einfacher umzusetzen, da es bereits viele fertige Etiketten für die Pflichtangaben zu kaufen gibt, die lediglich beschriftet werden müssen und man sich so nur mit der Erstellung eines schönen Schmucketiketts, welches man daneben oder auf die andere Seite der Verpackung klebt, beschäftigen muss. Laut aktueller Erhebungen ist den Menschen beim Fleischeinkauf neben den Pflichtangaben wie MHD und Zutaten vor allem die Angabe über eine artgerechte Haltung, die Herkunft sowie Erzeugungs- und Produktionsbedingungen auf der Verpackung wichtig. Da genau diese Punkte die großen Vorteile von Wildfleisch sind, sollte dies auch sofort deutlich erkennbar sein. Auch wenn ich bei der Wahl eines Logos aus den zuvor aufgeführten Gründen von einem zu klassischen Logo mit „Wald", „Wild" und „Genuss" betonendem Design abgeraten habe, kann es dennoch sinnvoll sein, dies beim Etikettendesign zu berücksichtigen. Den regionalen Bezug könnte man z. B. durch lokale Sehenswürdigkeiten oder eine angedeutete Skyline der Stadt, in der das Wild hauptsächlich vermarktet werden soll, herstellen – dies ließe sich natürlich auch gut mit einem Markenlogo kombinieren.
Die „artgerechte Haltung" lässt sich gut durch idyllische Darstellungen von Wald und Flur darstellen. Auch hier gibt es bereits zahlreiche Anbieter, die selbst ausfüllbare Etiketten bereits mit entsprechenden Motiven oder Hintergründen versehen haben.
Die Interessen und Motivationen des Kunden zu kennen und entsprechend auf dem Design zu berücksichtigen, ist von großer Bedeutung, da viele angeben, sich größtenteils am Einkaufsort bzw. anhand der Verpackung zu informieren. Verkaufen wir unser Wild ausschließlich persönlich und im

Aufnahmen dieser Art finden sich auf zahlreichen Darstellungen und Webseiten von Wildfleischhändlern.

sehr kleinen Stil, mag das Verkaufsgespräch die wichtigere Rolle spielen. Legen wir unsere Ware allerdings an einem Marktstand aus oder verkaufen sie gar über einen Dritten in einem Geschäft o. ä., ist es hingegen sehr wichtig, dieses Kundenverhalten zu berücksichtigen.

SIEGEL UND LABEL

In den letzten Jahren ließ sich ein zunehmendes Interesse an Siegeln auf Lebensmitteln feststellen. Insbesondere auf Siegel wie das Regionalfenster oder Biosiegel wird vermehrt geachtet. Im Bereich Wildfleisch sieht es hier bisher leider mau aus. Vermutlich jeder Jäger kennt das „Wild aus der Region"-Label, allerdings gibt es hier – anders als bei Biosiegeln und Co. – kaum (Qualitäts-)Anforderungen und praktisch keine Kontrolle der Einhaltung. So kann es dem Kunden passieren, dass er bei einem Jäger minderwertiges Wild mit einem solchen Label bekommt, beim nächsten welches von bester Qualität. Außer dass beide aus der Region kommen, wird dem Verbraucher damit also nicht wirklich viel kommuniziert. Dennoch berichten Jäger davon, dass sie mit diesen Werbeartikeln und Kommunikationshilfen erfolgreich Wild vermarkten, daher schadet es sicher nicht, auch auf diesem Wege aktiv zu werden. Um Wild mit guten Argumenten zu bewerben, müssen wir zum Glück nicht sonderlich kreativ werden. Es bringt von Natur aus so viele Vorteile mit, dass wir uns lediglich Gedanken über deren Vermittlung machen müssen.

JÄGERSCHAFT IN DER ÖFFENTLICHKEIT

Auch wenn der einzelne Wildverkäufer mit seinen direkten Marketingaktivitäten nur sehr begrenzt Einfluss auf die Außenwirkung der gesamten Jägerschaft hat, hat das Auftreten einzelner Jäger leider schnell Einfluss auf die grundsätzliche gesellschaftliche Wahrnehmung von Jagd und Wild. Wildfleisch wird aufgrund seiner Herkunft automatisch schnell mit der Jagd in Verbindung gebracht. Das Image der Jagd in der Öffentlichkeit wird sich also immer auch (indirekt) auf das Image des Fleisches auswirken.
Wie so oft reichen auch hier einige wenige „Querschläger", um die positive Öffentlichkeitsarbeit der Jägerschaft zu demontieren. Ob durch die Zurschaustellung von offensichtlich schlecht getroffenen Stücken im Internet oder niveaulosen Diskussionen in Kommentarspalten – das schlechte Verhal-

Viele Wildfleischverkäufer werben mit dem Slogan „Wild aus der Region".

Mit unterschiedlichen Labels wird für Wildfleisch geworben. Eine Regulierung gibt es hier nicht.

ten eines Einzelnen wird von unbeteiligten Mitlesern schnell auf die gesamte Jägerschaft übertragen. Wer sowas mehrfach mitbekommt, überlegt sich vielleicht in Zukunft, ob er wirklich beim – vielleicht doch nicht so netten – Jäger nebenan Wild kaufen möchte. Stattdessen lieber jeden im Revier freundlich grüßen, die Meinung im Internet öffentlichkeitstauglich verpacken (oder auch mal für sich behalten) und nur das teilen, was auch bei Nichtjägern gut ankommt.

WERBUNG

Das primäre Ziel von Werbung ist die Kundengewinnung und Absatzsteigerung. Aber wie genau kann man dies erreichen? **Vertrauen schaffen:** Zeigen Sie sich und die Herkunft des Fleisches. Der Kunde kauft lieber bei einem vertrauten Gesicht und legt Wert auf Transparenz. **Anregungen bekommen:** Setzen Sie Kaufanreize durch das Zeigen leckerer Gerichte, die mit Ihren Waren zubereitet werden können. **Qualität zeigen:** Zeigen Sie die Vorteile von Wildbret im Allgemeinen und vor allem Ihre USPs. Bevor es um die Vermarktung und das Bewerben über die modernen Medien geht, müssen wir noch einen kurzen Blick auf die Klassiker werfen. In jedem Fall empfehlen sich Visitenkarten und Flyer, damit Sie auch unterwegs immer etwas dabeihaben für potenzielle Kunden. Da Wild auch für ältere Kundschaft sehr interessant sein kann, sollte man für diese auf jeden Fall auch einige „nicht-digitale" Werbemaßnahmen durchführen. Man weiß nie, wann man einem Wildfreund und potenziellen Kunden über den Weg läuft. Seien Sie vorbereitet und nehmen Sie immer ein paar Visitenkarten oder sogar Flyer mit, wenn Sie unterwegs sind. Die Flyer sollten so gestaltet sein, dass Sie bereits auf den ersten Blick einen Kaufanreiz und Interesse erzeugen – z. B. mit einem prägnanten Slogan oder appetitanregenden Bild. Bedrucken bzw. bekleben

Um eine Präsenz sowie Marketing im Internet kommt man bei der Wildfleischvermarktung nicht mehr herum.

Sie ihr Auto oder einen Anhänger mit Ihrer Werbung. Hier reichen meist eine kurze, prägnante Schlagzeile und ein Hinweis auf Ihre Homepage oder Ihre E-Mail-Adresse. Sollten Sie einen Anhänger haben, lohnt es sich auch hier, diesen entsprechend zu bekleben und an unterschiedlichen Parkplätzen mit viel Publikumsverkehr abzustellen.

IN DER DIGITALEN WELT

Wollen Sie erreichbar sein, aber nicht jedem potenziellen Wildkunden ihre Handynummer geben, empfiehlt es sich, eine E-Mail-Adresse für ihr Wildgeschäft anzulegen. Mit einem entsprechenden Namen wie „Kontakt@MüllersDonauWild.de" oder bei kostenfreien Anbietern MüllersDonau Wild@gmail.com vermitteln Sie direkt eine gewisse Professionalität und schützen gleichzeitig ihre Privatsphäre. Außerdem wird für den Großteil der hier vorgestellten digitalen Kommunikations- und Vertriebskanäle eine E-Mail-Adresse benötigt. Heutzutage werden Anfragen zudem gerne schriftlich versandt. Wird sich dennoch für einen Anruf entschieden, aber nicht direkt jemand erreicht, ist die Gefahr groß, dass sich an einen anderen Anbieter gewandt wird. Mails sollten demnach regelmäßig gecheckt und auch beantwortet werden. Eine Homepage ist heutzutage für jedes Unternehmen Standard. Kurz und bündig alle Informationen für jedermann jederzeit auffindbar zu präsentieren, bietet zahlreiche Vorteile. Außerdem kann sie als Grundlage für alle weiteren Aktivitäten im Internet dienen, denn hier gilt oftmals eine Impressumspflicht. Wenn Sie z. B. auf Instagram Ihr Wildbret bewerben, müssen Sie ein Impressum vorweisen. An dieser Stelle kann dann einfach auf das Impressum der Homepage verlinkt werden. Mit Anbietern sogenannter Homepage-Baukästen ist es mittlerweile einfach möglich, auch ohne Programmier-Kenntnisse eine ansprechende Seite zu erstellen. Auch hier gibt es zahlreiche kostenlose Anbieter.

Newsletter

Mittlerweile gibt es einige kostenlose Anbieter von einfach zu gestaltenden Newslettern. Mit Anbietern wie Brevo oder Cleverreach erstellen Sie in einer Art Baukasten ganz einfach Mitteilungen über Ihren letzten Jagderfolg und das somit frisch eingetroffene Wildfleisch in ihren Truhen, die automatisch an alle Abonnenten gehen.

WhatsApp

Erstellen Sie einen kleinen Flyer, den Sie regelmäßig in Ihren WhatsApp-Status posten können oder erstellen Sie eine WhatsApp-Gruppe mit Stammkunden, in die Sie über Ihre Jagderfolge und frisches Fleisch schreiben. Hier muss unbedingt der Datenschutz bedacht werden und das skizzierte Vorgehen ist vorab mit den potenziellen Gruppenmitgliedern abzuklären.

Social Media

Über 70 Millionen Menschen in Deutschland nutzen Soziale Medien. Das bedeutet, dass über 85 % der Bevölkerung mindestens eine Social-Media-Plattform nutzt – der Großteil sogar mehrere. So verbringen die Nutzer damit täglich durchschnittlich 1 Stunde und 41 Minuten. Wer heutzutage also zu Bekanntheit kommen möchte, darf seine Präsenz in den Sozialen Medien nicht vernachlässigen. Facebook ist die meistgenutzte und eine der ältesten und etabliertesten Plattformen. Hier tummeln sich monatlich über 2,8 Milliarden aktive Nutzer. Somit bietet es eine enorme Reichweite für Marketingaktivitäten. Durch verschiedene Funktionen wie Business-Seiten und zielgerichtete

Wer heute Aufmerksamkeit will, muss in Social Media präsent sein.

Werbung können Botschaften ganz gezielt an bestimmte demografische Gruppen und Menschen mit entsprechenden Interessensgebieten gerichtet werden. Interaktionsmöglichkeiten wie Kommentare und der Messenger ermöglichen einen persönlichen Kontakt mit Interessenten und Kunden. Die Plattform eignet sich somit sehr gut für Kundenservice sowie Markenaufbau- und -bindung.
Instagram ist die zweitmeistgenutzte Plattform und mit über 1,4 Milliarden monatlich aktiven Nutzern eine der beliebtesten für visuelles Storytelling. Die Zielgruppe ist hier jünger als auf Facebook und der Fokus liegt auf Bildern und Videos. Zudem können Produkte über Shoppingtabs und Links einfach präsentiert und verkauft werden. Die Plattform bietet vielfältige Möglichkeiten für Marketingkampagnen durch Storys, Reels und Bildbeiträge.
TikTok ist die drittmeistgenutzte und am schnellsten wachsende Plattform. In kürzester Zeit hat sich hier eine massive Nutzerbasis von über 1,5 Milliarden Menschen weltweit etabliert. Sie ist die führende Plattform für kurze und unterhaltsame Videos und bietet Marken eine einzigartige Möglichkeit, mit einer jungen und engagierten Zielgruppe in Kontakt zu treten. Auch kleine Unternehmen bzw. Accounts haben hier die Gelegenheit, mit viralen Inhalten schnell an Bekanntheit zu gewinnen. Sie können zudem durch kreative Challenges, Influencer-Marketing und bezahlte Werbung auf TikTok auf sich aufmerksam machen und Reichweite ausbauen.
YouTube ist mit mehr als 2 Milliarden eingeloggten Nutzern pro Monat die größte Video-Plattform der Welt. Als zweitgrößte Suchmaschine nach Google bietet es eine Fülle von Möglichkeiten für Marken, um Inhalte zu präsentieren, Tutorials zu teilen, Produktbewertungen zu veröffentlichen und vieles mehr. Marken können Kanäle erstellen, um ihre Produkte und Dienstleistungen zu präsentieren, oder Anzeigen schalten, um ihre Zielgruppe zu erreichen. YouTube ist besonders effektiv für Storytelling und die Schaffung einer engagierten Community rund um eine Marke oder ein Produkt.

Influencer-Marketing

Wer die Sozialen Medien für sich nutzen möchte, aber nicht selbst aktiv sein kann oder will, kann auf Influencer-Marketing zurückgreifen. Influencer-Marketing ist eine Marketingstrategie, die darauf abzielt, die Reichweite und Glaubwürdigkeit einer Marke durch die Zusammenarbeit mit einfluss-

Auf Videoplattformen wie beispielsweise YouTube lassen sich Anzeigen schalten, um Aufmerksamkeit zu bekommen.

Insbesondere junge Käufer werden häufig in ihrer Kaufentscheidung von Influencern beeinflusst.

reichen Personen, sogenannten Influencern, zu erhöhen. Diese Influencer sind Personen, die auf Social-Media-Plattformen wie Instagram, YouTube, TikTok und anderen eine große Anhängerschaft und damit Einfluss haben. Sie haben oft spezifische Interessengebiete oder Nischen, in denen sie Expertise oder Leidenschaft zeigen und genießen das Vertrauen ihrer Follower. Die Grundidee des Influencer-Marketings besteht darin, dass die Influencer Produkte oder Dienstleistungen einer Marke authentisch präsentieren, indem sie sie in ihre Beiträge, Videos oder Geschichten integrieren. Diese Einbindung kann auf verschiedene Arten erfolgen, von gesponserten Beiträgen und Produktplatzierungen bis hin zu Produktbewertungen und Empfehlungen. Der Erfolg von Influencer-Marketing beruht auf der persönlichen Verbindung zwischen dem Influencer und seinen Followern. Die Follower betrachten den Influencer oft als eine vertrauenswürdige Quelle für Ratschläge und Empfehlungen, wodurch die Glaubwürdigkeit und die Wirksamkeit der Marketingbotschaft erhöht werden. Im Idealfall führt diese Glaubwürdigkeit zu einem höheren Engagement und einer gesteigerten Kaufbereitschaft seitens der Zielgruppe. Influencer-Marketing bietet Marken bzw. Ihnen als Wildverkäufer auch den Vorteil, dass Sie Ihre Botschaften gezielt an bestimmte Zielgruppen ausrichten können, indem Sie Influencer auswählen, die eine demografische Gruppe oder ein Interessensgebiet repräsentieren, das mit Ihren eigenen Zielgruppen übereinstimmt. Insgesamt hat Influencer-Marketing in den letzten Jahren stark an Bedeutung gewonnen und ist zu einer wichtigen Komponente vieler Marketingstrategien geworden. Es ermöglicht Marken, auf authentische Weise mit ihrem Publikum in Kontakt zu treten, die Reichweite zu erhöhen und das Vertrauen in ihre Produkte oder Dienstleistungen zu stärken.

Apps & Onlineplattformen

Zur Steigerung Ihrer Bekanntheit und Neukundenakquise gibt es mittlerweile einige Apps und Plattformen, die Sie gut nutzen können. Der Deutsche Jagdverband hat eigens für die Wildvermarktung die Online-Plattform „Wild auf Wild" ins Leben gerufen, auf der Sie sich registrieren und über eine

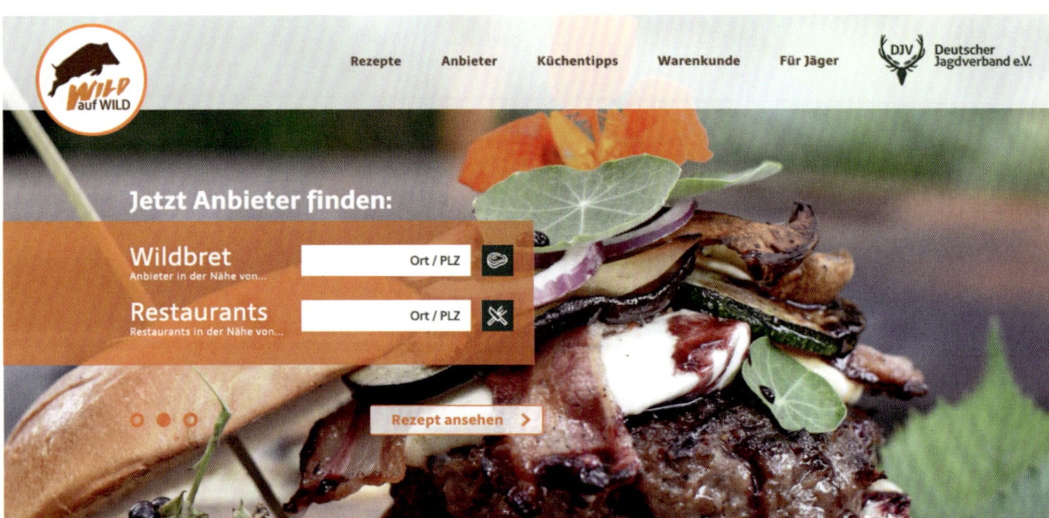

Über die Plattform „Wild auf Wild" des Deutschen Jagdverbands kann Wildfleisch angeboten werden.

Theoretisch kann Wildfleisch auch aus dem heimischen Kühlschrank heraus verkauft werden.

Postleitzahl-Suchfunktion gefunden werden können. Ein ähnliches Prinzip verfolgt die App „Waldfleisch". Auch auf Ebay oder anderen Kleinanzeige-Plattformen kann eine Bewerbung Ihrer Wildprodukte sinnvoll sein.

Kundengespräch

Das wohl wichtigste Kommunikationsmittel des direktvermarktenden Jägers ist jedoch das Gespräch mit (potenziellen) Kunden. Viele Menschen haben weder Wissen über die Vorzüge noch über die richtige Zubereitung von Wildfleisch und können in einem persönlichen Gespräch am einfachsten überzeugt werden.

VERTRIEBSPOLITIK

Wie und über welche Wege gelangt das Wild zum Kunden? Auch hier greifen ggf. wieder rechtliche Einschränkungen, die es zu beachten gibt. Zuerst stellt sich die Frage, ob Sie selbst an den Endkunden oder indirekt über einen Zwischenhändler verkaufen wollen oder ob Sie Ihr Wild an einen anderen Einzelhändler abgeben möchten. Je nachdem ergeben sich folgende Möglichkeiten – immer unter Beachtung der rechtlichen Vorschriften. Der einfachste Weg ist der Verkauf aus dem Kühlschrank bzw. der Gefriertruhe zu Hause.

Hierfür braucht es kaum Vertriebsinfrastruktur und der zugehörige Aufwand hält sich in Grenzen. Allerdings müssen Sie Ihre Kunden somit bei sich zu Hause begrüßen und selbstverständlich auch hier auf alle lebensmittelrechtlichen Vorschriften achten. Für sehr kleine Mengen ist diese Art der Abgabe sicher ausreichend und passend, für größere Mengen oder einen professionelleren Verkauf bieten sich vermutlich eher die folgenden Möglichkeiten an. Wollen Sie vermeiden, Ihre Kunden zu Hause zu bedienen, können Sie einen Lieferservice anbieten. Je nach Umfang der Tätigkeit kann es Sinn machen, einen kleinen Laden oder zumindest Verkaufsraum einzurichten. Thematisch besonders passend wäre dies an der Jagdhütte, kundenfreundlicher und somit ggf. verkaufsfördernder wäre allerdings die Wahl eines urbaneren Umfelds. Vor allem in ländlichen Regionen finden sich in diesem Zusammenhang auch immer öfter Selbstbedienungsstationen. Hier kann der Kunde auf Vertrauensbasis einkaufen und zahlt eigenständig in eine dort aufgestellte Kasse ein. Das Risiko, Opfer von Diebstahl oder Vandalismus zu werden, ist hierbei offensichtlich hoch, daher eignet sich diese Form der Abgabe nur bei „vertrauenswürdiger“ Kundschaft.

VERKAUFSWEGE

Verkaufsautomat: Wer gerne ohne Personaleinsatz und rund um die Uhr Wild verkaufen möchte, aber nicht das Risiko eines Selbstbedienungsladens eingehen will, kann das Aufstellen eines Verkaufsautomaten in Erwägung ziehen. Hier kann der Kunde zu jeder Zeit Wild kaufen und der Aufwand für den Verkäufer beschränkt sich auf das Leeren und Befüllen der „Wildstation“. Da diese Automaten recht teuer in der Anschaffung sind, eignen sie sich eher für professionellere Vermarkter oder Gemeinschaften.

Marktstand/Wagen: Wochenmärkte sind fester Bestandteil sowohl des städtischen als auch des ländlichen Lebens und erfreuen sich großer Beliebtheit. Regionalität und Frische sind für viele Kunden wichtige Anreize, weshalb sich Wildprodukte hier besonders gut verkaufen lassen. Oftmals spielt auch die soziale Komponente solcher Märkte eine wichtige Rolle für die Besucher, was dem erklärungsbedürftigen Produkt Wild ebenfalls zugutekommt. Die Kunden freuen sich über Gespräche mit den Verkäufern und bringen die dafür nötige Zeit gerne mit. Ein kleiner Marktstand ist schnell mit einem Pavillon und Tapeziertischen improvisiert. So können auch neue und kleinere Wildverkäufer einfach und ohne große Investitionskosten auf einem Wochenmarkt ausstellen.

Kleiner Bereich in fremdem Laden: Sollten Sie keinen eigenen Laden eröffnen wollen oder können, können Sie in einem bestehenden Laden nach einem kleinen Verkaufsbereich in Untermiete fragen. Quasi als eine Art Pop-up-Store am Wochenende oder ähnlichem.

Metzger: Mit der steigenden Beliebtheit von Wild finden sich auch beim klassischen Metzger immer mehr Wildprodukte. Fragen Sie Ihren örtlichen Metzger, ob er ganze Tiere kaufen möchte oder Ihnen wie zuvor beschrieben ein Eckchen in seiner Theke für Ihre Produkte zur Verfügung stellen würde.

Insbesondere in ländlichen Regionen nutzen Anbieter von Lebensmitteln auch Verkaufsautomaten.

Gastronomie: In Restaurants wird Wild zurecht oft als besondere Delikatesse angeboten. Auch wenn sich dies bisher vor allem auf den Herbst und Winter beschränkt, kann es trotzdem Sinn machen, auch im Sommer einmal mit den Gastronomen in der Gegend zu reden. Erklären Sie, wie Wild auch außerhalb der klassischen Grillsaison zubereitet werden kann und bieten Sie ihm die passenden Teilstücke an.
Wildhändler: Vollständigkeitshalber sei an dieser Stelle natürlich auch noch auf die schnellste Lösung hingewiesen, die Abgabe ganzer Stücke in großer Zahl an den professionellen Wildhändler.
Veranstaltungen: Neben Wochenmärkten gibt es oft auch die Möglichkeiten, an Festen und Veranstaltungen Stände zu betreiben. Ob Fußballspiel, Straßenfest oder Reitturnier – schauen Sie nach Events in Ihrer Gegend und versuchen Sie, dort einen Platz als Aussteller zu bekommen. Dies dient nicht nur dem Verkauf der Ware, sondern auch dazu, bekannter zu werden. Und wenn es keine passenden Veranstaltungen in Ihrer Nähe gibt? Organisieren Sie selbst eine! Laden Sie Leute in Ihre Wildkammer ein und zeigen Sie, wie ein Reh zerlegt wird. Oder machen Sie mit Interessierten zusammen Wurst.
Die Wildkammer steht, der Markt ist analysiert und ein entsprechender Businessplan geschrieben? Dann kann es endlich losgehen. Für die Vermarktung von erlegtem oder grob zerwirktem Wild ist keine Unternehmensgründung notwendig. Muss ein Gewerbe angemeldet werden, sieht es anders aus. Hilfe dabei und Beratungsangebote bieten verschiedene Institutionen wie Handwerkskammern, die IHK, Fachverbände oder die Agentur für Arbeit sowie andere behördliche und städtische Einrichtungen und Projekte. Falls Sie Wild nur im Kleinen vermarkten wollen und sich die Investition in entsprechende Verarbeitungs- und Vermarktungsinfrastruktur nicht rechnet, empfiehlt es sich, sich mit anderen zusammenzuschließen. Gründen Sie eine Wild-Genossenschaft und teilen Sie Kosten und Aufwand mit mehreren.

Ein hervorragender Absatzmarkt für Wildfleisch ist auch die lokale Gastronomie.

REGISTER

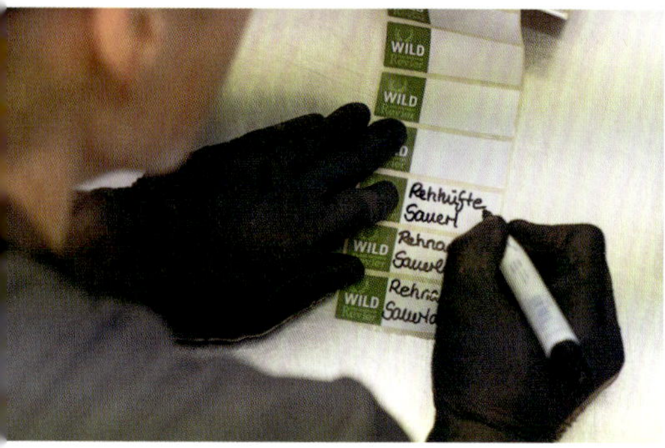
WILD
WILD
Rehhüfte
Sauer
WILD
WILD

Mehr wissen — erfolgreicher jagen

160 Seiten

Das Reh ist die unangefochtene Schalenwildart Nr. 1 der Jagd in weiten Teilen Europas – weit über eine Million werden jährlich allein in Deutschland erlegt. Rehwildjagd ist aber nicht nur Handwerk, sondern verlangt auch Wissen um das Warum, Wann und Wo des Jagens. Nur wer die Wildart und ihre Besonderheiten kennt, kann erfolgreich sein. Dieses Buch schlägt den Bogen von wildbiologischem Hintergrundwissen zu einer art- und waidgerechten Jagdpraxis.

kosmos.de

BILDNACHWEIS

Mit 158 Farbfotos von AdobeStock/ExQuisine S. 12, /agrarmotive S. 14, /pressmaster S. 15, /Stockchi S. 15, /nmann77 (2) S. 16–17, S. 19, /Janusz S. 20, /Gina Sanders S. 21, /pavasaris S. 22, /ChrWeiss S. 25, /A_Bruno S. 30–31, /tinadefortunata S. 34, /herraez S.37, /JackF S. 38, /WoGi S. 39, /Liana S. 40, /Wavebreakmedia-Micro S. 42, /patchii S. 43 o., /ChiccoDodiFC S. 43 u., /titipong8176734 S. 45, /JackF S. 46, /Alekskan12 S. 47, /uros S. 48, /bilderstoeckchen S. 50–51, /UlrikaArt S. 54 u., /Stockfotos-MG S. 55, /agnormark S. 56, /javiindy S. 57 o., /Aleksandr Vorobev S. 57 u., /karandaev S. 61 u., /Alexander Raths S. 61 o., /nobeastso-fierce S. 62 o., /Roman Akimov S. 62 u., /Ernie Cooper S. 63 o., /uckyo S. 63 u., /PhotographyByMK S. 64 o., /Michael Krüger S. 64 u., /Gatis S. 65 o. l., /ohenze S. 65 u., /MEISTERFOTO S. 66 o., /manjurul S. 66 u., /Budimir Jevtic S. 69 u., /Klaus (4) S. 70, S. 71 o. r., S. 72 o., S. 95 u. r., /LIMARIO S. 71 o. l., /Bergringfoto S. 71 u., /Maksim S. 79, /Rionegro S. 80, /wrzesientomek S. 81, /Michal S. 82–83, /guy S. 84, /szczepank S. 85, /byrdyak S. 86, /jmw S. 87, /GERHARD S. 88, /Michael S. 89 u. l., /dk-fotowelt (2) S. 89 u. r., S. 145, /Yaruniv-Studio S. 90, /sinhyu S. 91 o., /Lunghammer S. 92, /satyrenko (2) S. 93 o., S. 108 o., /Ewald Fröch S. 93 u., /cuhle-fotos S. 95 u. l., /Joshhh S. 96, /Karin Jähne S. 97 o., /Filip S. 97 u., /JUAN CARLOS MUNOZ S. 98 o., /Joris Machholz S. 98 u., /emuck S. 99 o., /chairman S. 100, /Henri Koskinen S. 102 o., /WildMedia S. 102 u., /FFCucina Liz Collet S. 103 o., /dima_pics S. 103 u., /magraphics S. 104, /Duang-dao S. 105, /Julia Ahanova S. 106, /Coprid S. 107, /froto S. 108 u., /Helma Spona S. 110 u. l., /marketlan S. 114 u., /Silvia Bogdanski S. 115, /exclusive-design S. 116, /Printemps S. 117 o., /petrabarz S. 117 u., /beats_ S. 118, /Robert Emprechtinger S. 119, /Brigitte Bonaposta S. 120–121, /dropStock S. 123 u., /Jörg Lantel-me S. 124, /Sabine Schmidt S. 125 o., /Natsicha S. 125 u., /SailingAway S. 126, /eyetronic S. 128, /Twilight-ArtPictures S. 132, /Christin Klose S. 133 o., /hayo S. 133 u., /holger.l.berlin S. 134, /ronstik S. 135 o., /Torbz S. 135 u., /Daniel S. 137 o., /VRD S. 138 u. l., /GrafKoks S. 138 u. r., /skyNext S. 139, /REDPIXEL S. 140, /Kaspars Grinvalds S. 141 o., /ChayTee S. 141 u., /New Africa S. 143, /Aleksej S. 144, /Christian Jung S. 152; Deutscher Jagdverband S. 142; Markus Lück (28) S. 3, S. 6, S. 7, S. 9, S. 13, S. 44, S. 52, S. 65 o. r., S. 68, S. 73, S. 76 u. r., S. 77, S. 110 u. r., S. 111 alle, S. 112 alle, S. 113 beide, S. 114 o., S. 122, S. 146, S. 147, S. 148 beide; Ekkehard Ophoven (4) S. 18, S. 99 u., S. 109, S. 136; Michael Stadtfeld (12) S. 4–5, S. 26, S. 27, S. 58–59, S. 60, S. 67, S. 72 u., S. 74 beide, S. 75, S. 76 u. l., S. 127

Mit 12 Illustrationen (keine Unterscheidung in s/w und Farbe)
von Susanne Markó (nach Vorlagen der Verfasserin) S. 10 o., S. 32, S. 35 u., S. 36, S. 54 o., S. 123 o., S. 120; AdobeStock/Trueffelpix S. 20, /anton91815 S. 91.; Landesjagdverband Baden-Württemberg S. 35 o.; Kay Elzner S. 69 o.; Bundesamt für Strahlenschutz S. 101.

IMPRESSUM

Umschlaggestaltung von Büro Jorge Schmidt unter Verwendung von 3 Farbfotos von Ekkehard Ophoven (Cover oben links), Isabelle Bulling (Cover oben rechts) und Markus Lück (Cover unten rechts).

Mit 161 Farbfotos und 12 Illustrationen

Unser gesamtes Programm finden Sie unter **kosmos.de**.
Über Neuigkeiten informieren Sie regelmäßig unsere Newsletter, einfach anmelden unter **kosmos.de/newsletter**.

Gedruckt auf chlorfrei gebleichtem Papier

ISBN 978-3-440-17923-9
Projektleitung und Redaktion: Markus Lück
Gestaltungskonzept: Peter Schmidt Group GmbH, Hamburg
Gestaltung und Satz: typopoint GbR, Ostfildern
Produktion: Klaus Jost
Druck und Bindung: Westermann Druck Zwickau GmbH
Printed in Germany / Imprimé en Allemagne

FSC
www.fsc.org
MIX
Papier | Fördert gute Waldnutzung
FSC® C110508